80 款遍布全球、源远流长的经典名酒，80 种独一无二的杯中滋味，80 个体现当地人文风土的饮酒故事。

从比利时啤酒、中国白酒到阿根廷葡萄酒、加勒比朗姆酒……作者在五大洲进行了一次真正的巡回品酒之旅，探索了世界上不同国家和地区的桂酒椒浆的无上秘密。

本书讲述了 80 种酒的起源、品鉴方法和特点，从法国到中国，从玻利维亚到墨西哥，不同的地理土壤和文化底蕴培育出了不同的酒款，彰显了不同的创意和智慧。传杯弄盏，干杯！

Le Tour Du Monde en 80 Verres

请给我一张世界名酒地图

［法］

朱尔·戈贝尔-蒂尔潘

Jules Gaubert-Turpin

阿德里安·格朗·斯米特·比安基

Adrien Grant Smith Bianchi

著

文杰　译

中信出版集团 | 北京

图书在版编目（CIP）数据

请给我一张世界名酒地图 /（法）朱尔 · 戈贝尔–蒂尔潘，（法）阿德里安 · 格朗 · 斯米特 · 比安基著；文杰译. -- 北京：中信出版社，2022.10
ISBN 978-7-5217-4433-0

I. ①请… II. ①朱… ②阿… ③文… III. ①酒－介绍－世界 IV. ①TS262

中国版本图书馆CIP数据核字（2022）第 082613 号

请给我一张世界名酒地图
著者：［法］朱尔 · 戈贝尔–蒂尔潘 ［法］阿德里安 · 格朗 · 斯米特 · 比安基
译者：文 杰
出版发行：中信出版集团股份有限公司
（北京市朝阳区惠新东街甲 4 号富盛大厦 2 座 邮编 100029）
承印者：北京利丰雅高长城印刷有限公司

开本：787mm×1092mm 1/16 印张：12.5 字数：200 千字
版次：2022 年 10 月第 1 版 印次：2022 年 10 月第 1 次印刷
京权图字：01–2019–7849 审图号：GS（2022）0838 号
书号：ISBN 978–7–5217–4433–0
定价：148.00 元

服务热线：400–600–8099
投稿邮箱：author@citicpub.com

“让美酒代替脚……
多么浪漫的想法。”

——盖伊丹·富舍

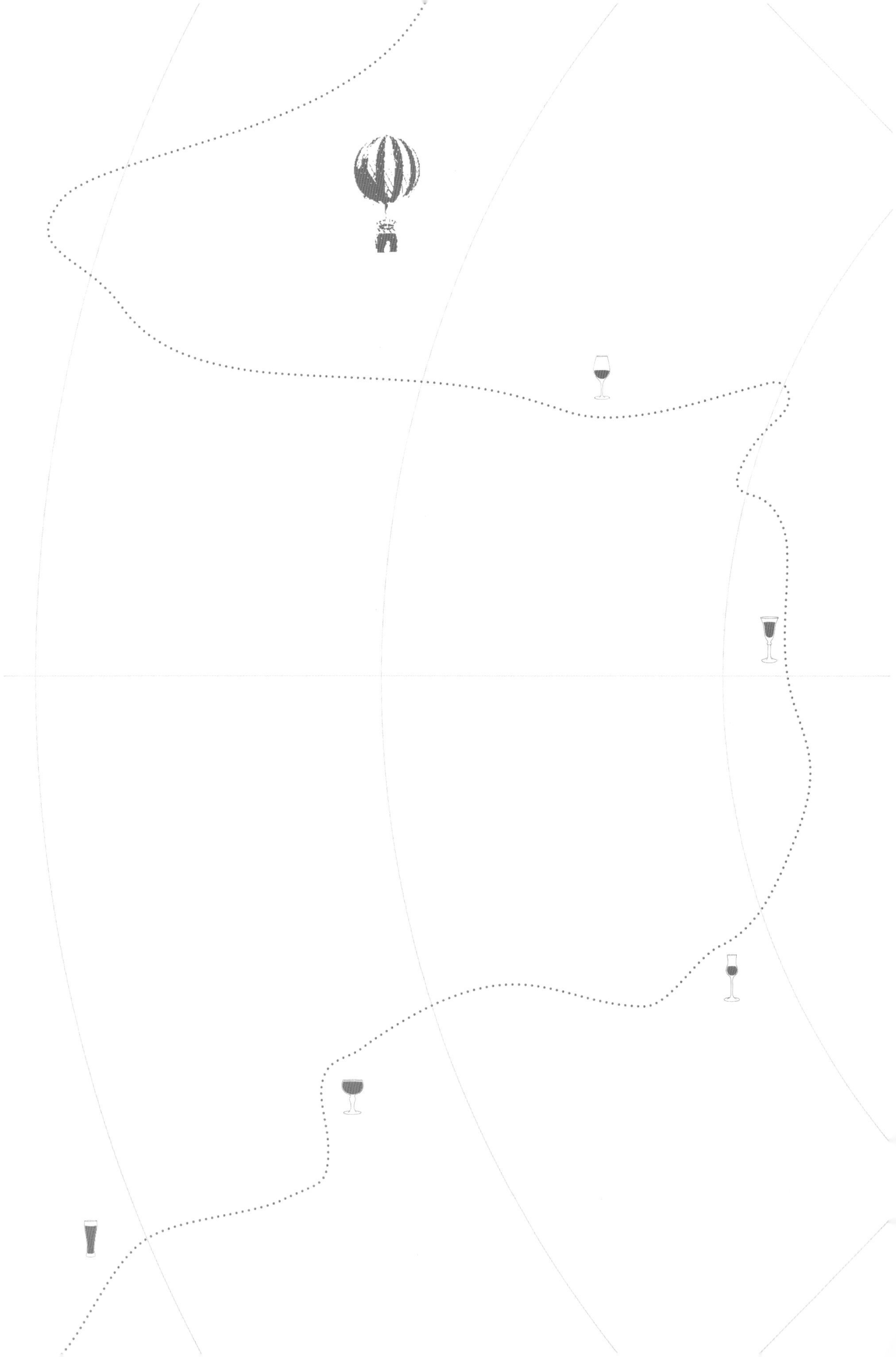

目录

6 作者介绍
7 前言
8 酒的历史
10 旅行路线

东欧
14 希腊 乌佐酒
16 塞尔维亚 拉基亚
18 匈牙利 帕林卡
20 捷克 比尔森啤酒
22 波兰 蜂蜜酒
24 俄罗斯 伏特加

北欧
28 斯堪的纳维亚 阿夸维特
30 苏格兰 单一麦芽威士忌
32 冰岛 黑死酒
34 爱尔兰 威士忌
36 英国 波特啤酒
38 英国 金酒
40 大不列颠 卡斯克啤酒
42 布鲁塞尔 拉比克啤酒
44 比利时 特拉比斯特啤酒
46 德国 小麦啤酒
48 莱茵河 雷司令白葡萄酒
50 黑森林 樱桃酒
52 瑞士 苦艾酒

法国
56 勃艮第 葡萄酒
58 洛林 黄香李酒
60 埃佩尔奈 香槟
62 诺曼底 苹果酒
64 诺曼底 卡尔瓦多斯酒
66 夏朗德 干邑
68 夏朗德 皮诺酒
70 波尔多 葡萄酒
72 加斯科涅 雅文邑
74 阿尔卑斯地区 查尔特勒酒
76 普罗旺斯 桃红葡萄酒
78 马赛 茴香酒
80 罗讷河谷 葡萄酒

伊比利亚半岛
84 里奥哈 红葡萄酒
86 米尼奥 绿酒
88 杜罗河 波尔图酒
90 安达卢西亚 赫雷斯葡萄酒
92 巴达洛纳 猴子茴香酒

意大利

96 托斯卡纳 葡萄酒
98 皮埃蒙特 葡萄酒
100 都灵 味美思
102 米兰 金巴利
104 萨龙诺 阿玛雷托
106 意大利 渣酿白兰地
108 威尼托和弗留利 普罗塞克葡萄酒
110 意大利 阿马罗酒
112 意大利 珊布卡
114 坎帕尼亚 柠檬酒

非洲

118 突尼斯 博拉酒
120 布基纳法索 朵萝酒
122 贝宁 索达比
124 东非 香蕉啤酒
126 南非 皮诺塔吉酒
128 留尼汪岛 朗姆酒
130 埃塞俄比亚 特吉酒

亚洲

134 黎巴嫩 中东亚力酒
136 格鲁吉亚 橙酒
138 中国 白酒
140 中国 黄酒
142 中国 葡萄酒
144 蒙古 马奶酒
146 韩国 烧酒
148 日本 威士忌
150 日本 清酒
152 日本 烧酒
154 巴厘岛 阿拉克

大洋洲

158 澳大利亚 西拉子葡萄酒
160 新西兰 长相思葡萄酒

拉丁美洲

164 智利 佳美娜葡萄酒
166 门多萨 马尔贝克葡萄酒
168 阿根廷 特浓情葡萄酒
170 玻利维亚 辛加尼酒
172 巴西 甘蔗酒
174 南美洲 皮斯科酒
176 哥斯达黎加 瓜罗酒

北美洲

180 加勒比 朗姆酒
182 墨西哥 梅斯卡尔酒
184 加利福尼亚州 葡萄酒
186 美国 精酿啤酒
188 肯塔基州 波旁酒
190 魁北克 苹果冰酒

192 本书酒谱
194 索引
196 参考资料

作者介绍

出于对地理和美酒的共同兴趣，阿德里安·格朗·斯米特·比安基和朱尔·戈贝尔–蒂尔潘在学生时代就成了朋友，他们一起工作 5 年了。他们共同编写了《请给我一张葡萄酒地图》，这是一本当代葡萄酒酿造地图精选集。同时，他们还推出了介绍手工啤酒的杂志，并撰写关于烈酒的博客“哦，我的饮料”。

本书原版是继《请给我一张葡萄酒地图》后，马拉布出版社为他们出版的第二本书，出版于 2017 年，是一本世界各地葡萄园地图集。

朱尔·戈贝尔–蒂尔潘

阿德里安·格朗·斯米特·比安基

前言

美酒偶然诞生于 12 000 多年前。

从此，人类从未停止对这一神秘而复杂的现象的考证。发酵并非运气使然。相反，它反映了无数科学规律，我们要继续探索，以期更好地掌握它。

每一款美酒的背后都隐藏着一个民族、一个地区的社会、经济、环境的历史。它们无一例外地向我们讲述着关于人性、关于人类对酒的渴望的故事。

食物满足身体的需求和对美食的向往，而酒只能满足后者。举起酒杯，醉醺醺，这是种让人摆脱束缚而又不至于失控到脚软的感觉。饮用美酒还体现了一种超越时间的力量。一桶桶，一瓶瓶，酒香酝酿着流转的时光。

或许正是因此，人们才痴迷于陈酿葡萄酒和陈年威士忌。品评它们，仿若时间旅行，感受它们的过去，品尝它们的现在，想象它们的未来。

手捧此书，您就握着一张鉴赏世界酒业地图的门票。

感谢奥德雷·热兰和埃马纽埃尔·勒·瓦卢瓦的信任

感谢威士忌之家精选全球精品烈酒

感谢马塞尔·蒂尔潘的认真审阅

酒的历史

公元前
10000 年，

中东出现了最早的发酵
技术痕迹。

公元前
6000 年，

格鲁吉亚首次出现了
葡萄汁发酵的考古遗迹。

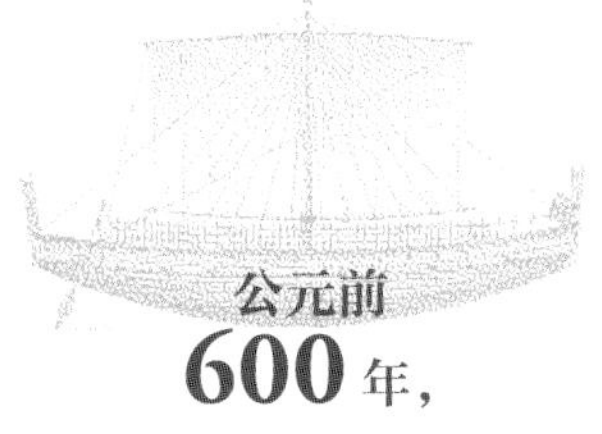

公元前
600 年，

腓尼基人建造了马赛，
在普罗旺斯建起了法国
第一个葡萄园。

432 年，

一份苏格兰税收汇编是现存
最早关于威士忌的文献。

公元前
4000 年，

拉比克啤酒的祖先是
一种叫作“斯卡乎”的啤酒，
后者在美索不达米亚被酿造出来了。

公元前
3500 年，

现今伊拉克境内首次
出现蒸馏器的痕迹。

4 世纪，

基督教加强了自己的
价值观与葡萄酒之间
的关系。

13 世纪，

朝鲜人从蒙古人那里
学到了蒸馏提纯酒的技术。

1 世纪，

日本出现水稻种植，
随后出现日本清酒。

100 年，

中美洲的龙舌兰酒
（发酵的龙舌兰汁液）
成为第一款从龙舌兰中
获得的饮料。

1553 年，

诺曼底出现了
苹果酒蒸馏提纯
最早的书面材料。

16 世纪，

西班牙殖民者在旧金山
地区种植了北美洲最早
的一批葡萄树。

8 世纪，

阿拉伯人占据法国西南部，
该地区出现了蒸馏器。

1308 年，

啤酒酿造者的第一次集会
出现在比利时布鲁日。

16 世纪，

“酒”这个字来源于阿拉
伯语“al-khol”，欧洲第
一次出现了现在的
拼写方式。

1680 年，

亚瑟·健力士在爱尔兰酿造
了他的第一款波特啤酒。

1617 年，

法国人路易·埃贝尔种下
了魁北克第一棵苹果树。

1756 年，

波尔图成为世界上
第一款以原产地
命名的葡萄酒。

1820 年，

“波旁”一词出现，
用来指肯塔基州生产的
玉米威士忌。

1842 年，

约瑟夫·格洛尔酿造出
史上第一款比尔森啤酒。

19 世纪，

英联邦和安的列斯群岛的制
糖业发展迅猛。大量朗姆酒
出口到欧洲大陆。

1788 年，

英国殖民者首次把
葡萄树带到澳大利亚的
土地上。

1835 年，

英国本土第一次提出
“送往印度的淡色艾尔
啤酒”：精酿啤酒。

1860—1950 年，

欧洲流行味美思酒，
出现了马丁尼、仙山露、
金巴利……

1752 年，

英国金酒诞生。

1857 年，

路易斯·巴斯德的研究工作
证明了酵母在发酵过程中的
核心作用。

1860—1900 年，

根瘤蚜肆虐，欧洲绝大多数
葡萄园绝收，远在南非的葡萄园
也未能幸免于难。

1933 年，

教皇新堡酒成为法国第一批
以原产地命名的酒之一。

1915 年，

苦艾酒在法国被禁售。

1932 年，

在法国，“茴香酒”一词
第一次出现在以茴香类
植物调香的开胃酒的标签上。

1919—1933 年，

美国禁酒。

1990 年，

新世界葡萄酒强势登上
国际舞台。

1923 年，

日本建造第一家威士忌
蒸馏酒厂。

2010 年，

鸡尾酒“斯佩兹”在意大利
被调配出来，随后在欧洲
各地大获成功。

2014 年，

中国成为世界上
葡萄种植面积
第二大的国家。

2016 年，

比利时啤酒进入联合国
教科文组织《非物质文
化遗产名录》。

1976 年，

加利福尼亚葡萄酒在盲品比赛中
超越了法国葡萄酒。

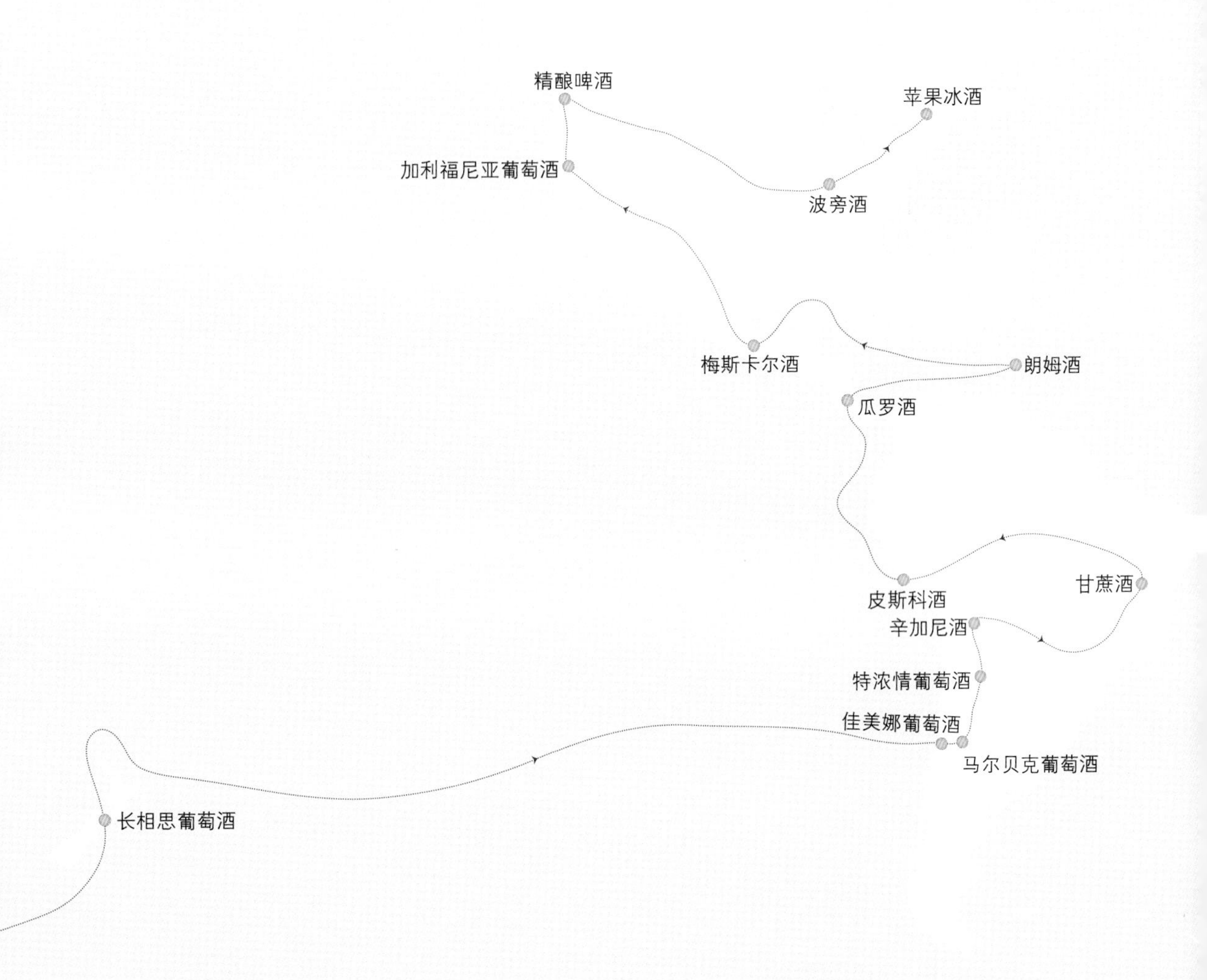

旅行路线

本书地图系原书插附地图

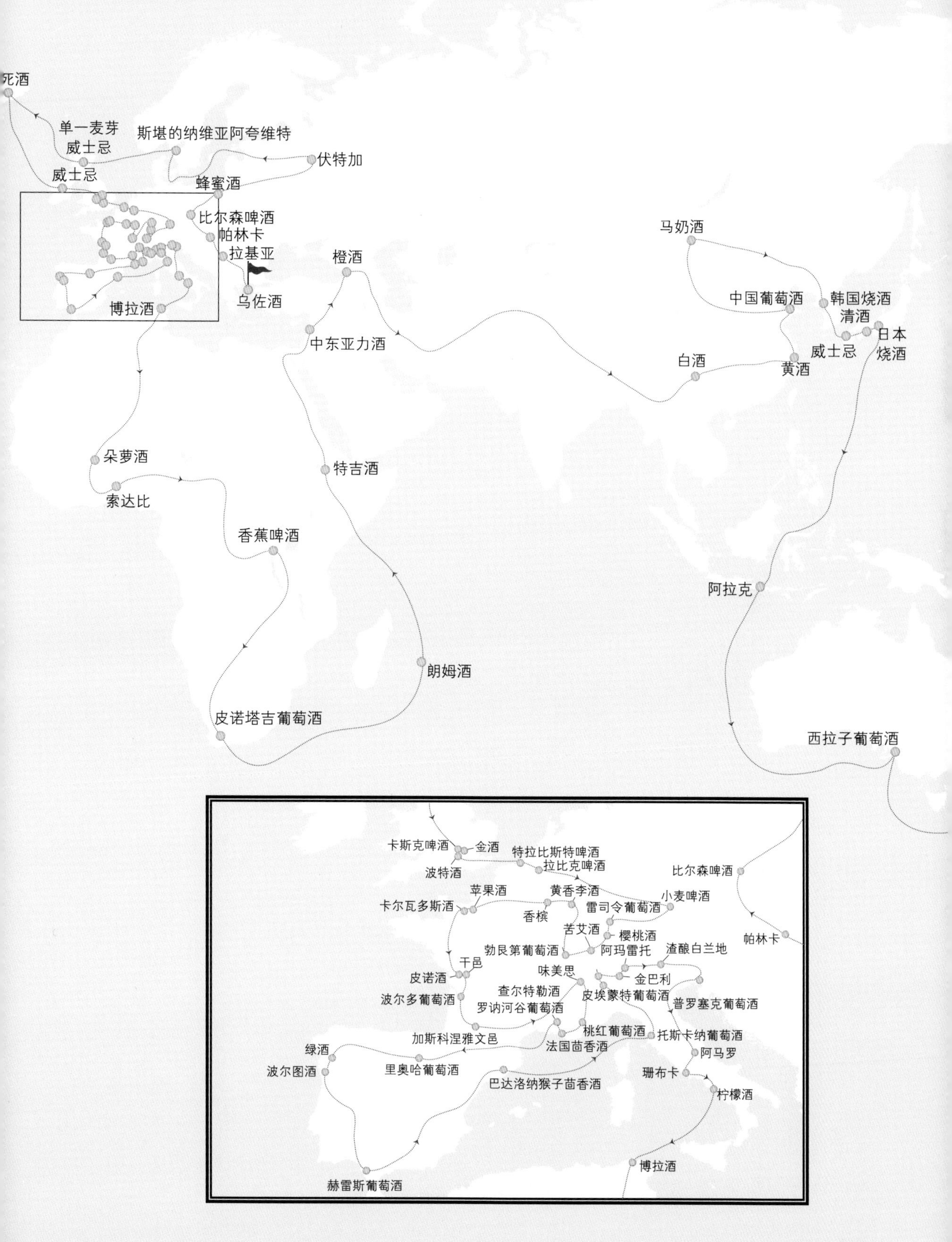

死酒
单一麦芽
威士忌
斯堪的纳维亚阿夸维特
伏特加
威士忌
蜂蜜酒
比尔森啤酒
帕林卡
拉基亚
乌佐酒
博拉酒
橙酒
中东亚力酒
马奶酒
中国葡萄酒
韩国烧酒
清酒
日本
烧酒
威士忌
白酒
黄酒
朵萝酒
索达比
特吉酒
香蕉啤酒
阿拉克
朗姆酒
皮诺塔吉葡萄酒
西拉子葡萄酒
卡斯克啤酒
金酒
特拉比斯特啤酒
拉比克啤酒
波特酒
比尔森啤酒
苹果酒
黄香李酒
卡尔瓦多斯酒
小麦啤酒
香槟
雷司令葡萄酒
苦艾酒
樱桃酒
帕林卡
勃艮第葡萄酒
阿玛雷托
渣酿白兰地
干邑
味美思
皮诺酒
金巴利
查尔特勒酒
波尔多葡萄酒
皮埃蒙特葡萄酒
普罗塞克葡萄酒
罗讷河谷葡萄酒
桃红葡萄酒
加斯科涅雅文邑
托斯卡纳葡萄酒
法国茴香酒
绿酒
阿马罗
波尔图酒
里奥哈葡萄酒
珊布卡
巴达洛纳猴子茴香酒
柠檬酒
博拉酒
赫雷斯葡萄酒

东欧

巴尔干地区的酒一直享有盛誉，不得不说，这里的蒸馏酒是当地的酒中王后。至于这一说法是固有认知还是事实，数据不会说谎。立陶宛、白俄罗斯、摩尔多瓦、俄罗斯、罗马尼亚和捷克，是世界上人均年饮酒量依次排名前六位的国家。当你上门做客的时候，作为热情好客的象征，主人会立即为你献上一杯美酒。

俄罗斯伏特加

波兰蜂蜜酒

捷克比尔森啤酒

匈牙利帕林卡

塞尔维亚拉基亚

希腊乌佐酒

希腊[1] 乌佐酒

乌佐酒一入喉，人就仿佛一头扎进地中海绿松石般清冽的海水中。

乌佐酒之都
普洛马里

年产量（单位：万升）
350

酒精度
40度

瓶装（700毫升）价格
15欧元

起源

倒进酒杯的乌佐酒是浑浊的，像它的历史一样让人看不清楚。该酒的来源及酒名由来众说纷纭，常常自相矛盾。但有一点是可以肯定的：它是用中性酒精萃取草本植物和种子以后，再蒸馏得到的酒。茴香是乌佐酒的主要原料，根据配方，酒里面也会加入肉豆蔻、芫荽、八角、白豆蔻等其他香料。

希腊乌佐酒与其他茴香酒在蒸馏步骤上不一样。

希腊乌佐酒的原料一开始就要全部放进去，而制作其他茴香酒，是之后在酒中加入茴香精油。茴香酒的制作季节是每年10—12月。目前受原产地命名保护的传统产区酒有五种：米蒂利尼乌佐酒、普洛马里乌佐酒、卡拉马塔乌佐酒、色雷斯乌佐酒和马其顿乌佐酒。

品鉴

希腊人热情好客，热爱生活，乌佐酒最能体现他们的待客之道和生活艺术。乌佐酒通常加冰饮用，也可以直饮或者兑水喝。不同的原料赋予酒体不同的香气。从收获、清洗（一些生产者用地中海海水来清洗）到储存，每一步都决定了杯中酒香的生发。

植物种子的质量直接决定了酒的质量。

乌佐酒
锤炼意志。

——希腊俗语

几个历史瞬间

1856年 → **1989年**

1856年：首次蒸馏茴香酒。

1989年：法律规定：只有在希腊和塞浦路斯生产的茴香酒才能被称为乌佐酒。

① 因涉及不同酒类，故书中区域划分与常规区域划分不同。——编者注

番茄、洋葱、费塔芝士烤沙丁鱼，
搭配一杯乌佐茴香酒，完美！

纯乌佐酒是无色的，但与水接触以后，酒体就会呈现白色。这种化学反应是由茴香醛的微乳化造成的，这也是高品质乌佐酒的标志。

塞尔维亚
拉基亚

无论是婚礼还是葬礼，无论在库斯图里察的电影里还是在贝尔格莱德的街头，在巴尔干人的宴饮惯例中，拉基亚必不可少。

拉基亚之都
贝尔格莱德

年产量
（单位：万升）
3 500

酒精度
40~50 度

瓶装
（700 毫升）价格
8 欧元

起源

最常见的拉基亚是拉基亚李子酒，也可用榅桲、梨和当地其他水果作为原料。

在城市以外的地方，可以自制拉基亚。这些家庭酒坊是合法的，在塞尔维亚很常见。因此，很难估计塞尔维亚拉基亚酒的年产量。尽管巴尔干地区绝大多数国家都生产这种蒸馏酒，但只有塞尔维亚生产的蒸馏酒才被认为是拉基亚。根据用来酿酒的水果，拉基亚可以分为五种。

大部分的塞尔维亚人家里都有蒸馏器。

品鉴

给想去巴尔干地区旅游的人一个小建议：请注意，一天中的任何时候你都可能被邀请喝一杯拉基亚，只要你的酒杯一空，主人一定会非常乐意为你斟满酒。想要度过美好的一天，就别着急。塞尔维亚人十分讲究喝酒方式，一定要一直看着主人，直到他喝下第一口酒！即使拉基亚酒装在一口杯里，也绝不能一口喝光，要小口小口地细品。夏天的时候，人们喜欢喝冷藏的拉基亚，其他季节则喝常温的。

绝不能一口喝光。

没带上拉基亚，
就没准备好战斗。

——巴尔干俗语

几个历史瞬间

14 世纪 ——→ **2007** 年

土耳其人来到这一地区，带来了蒸馏器及其相关技术。

欧盟保护五种塞尔维亚拉基亚品牌。

据统计，塞尔维亚至少有 1 万名拉基亚生产者，但只有 100 个品牌通过传统分销渠道销售。

不同的拉基亚酒

拉基亚蜂蜜酒

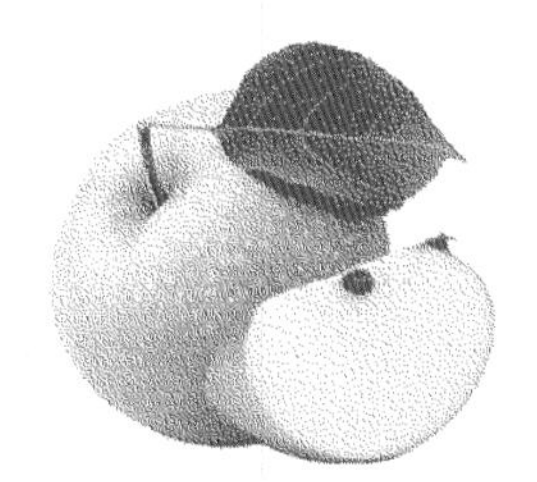

拉基亚苹果酒

拉基亚榅桲酒

拉基亚李子酒

拉基亚梨子酒

匈牙利
帕林卡

匈牙利的天气可能会极其寒冷。不过不用担心，匈牙利人已经准备好让你温暖起来。帕林卡是生命之水，还是生命之火？

帕林卡之都
布达佩斯

年产量
（单位：万升）
150

酒精度
37.5~70度

瓶装价格
35欧元

起源

在匈牙利，水果蒸馏物首次出现在一张开给匈牙利国王查理一世及其妻子的药方上，它是一种用来治疗关节炎的烈酒。14世纪的医学万岁！直到17世纪，“pálinka”（帕林卡）一词才出现。它的词源是斯拉夫语，与斯洛伐克语“pálít”接近，意思是“蒸馏”。

当时，人们把没卖出去的或者未食用的水果用来酿酒。匈牙利阳光充足，有利于水果的糖分堆积，因此很适合用蒸馏法酿酒。帕林卡是用李子、苹果、梨、杏子或榅桲、樱桃等水果加工蒸馏后得来的。水果汁需要经过发酵蒸馏，在此过程中不添加任何蒸馏酒精和人工香料。酒精度最高的帕林卡有个外号叫“kerités szaggato”，其字面意思是“破除障碍”。还有一个有趣的说法：最难喝的帕林卡被称为“guggdos”，其意思是“偷溜”——为了不被再次邀请，会从上次酒很难喝的人家的窗户底下偷偷溜走。

> 水果汁经过发酵，然后蒸馏。

品鉴

同所有的烈酒一样，帕林卡可在常温下饮用。同时类似特基拉龙舌兰酒，帕林卡也有两种饮用方式：用一口杯干掉，这是“单身汉终结式”，或者像大多数当地人那样，在餐前、餐后小口小口地呷。因为它的酒精度高，我们推荐你选择第二种饮用方法。帕林卡的酒体通常呈无色或浅黄色，经过桶装陈化，或者和果渣一起陈化，酒体颜色会更深，近似橙黄色。

最好的帕林卡会标记酿造年份：酒瓶标签上标注水果采摘日期。每年10月布达佩斯都会举办名为“腊肠和帕林卡”的美食节，赶快安排日程表吧！

> 一切可以做成果酱的东西都可以做成帕林卡。
>
> ——匈牙利俗语

几个历史瞬间

1332年 → **17世纪** → **2004年**

- 1332年：第一次提到一种献给匈牙利国王查理一世的烧酒。
- 17世纪：匈牙利出现“帕林卡”一词。
- 2004年：匈牙利连同奥地利等四个地区同时从欧盟获得“帕林卡”的商品名称专属权。

梨上梨

100 毫升帕林卡梨子酒
50 毫升柠檬汁
50 毫升蔗糖糖浆
150 毫升梨子泥
1 枝薄荷

把所有原料和几个冰块一起放进调酒器里充分混合后，倒入玻璃杯，放几片薄荷叶在杯口做装饰。

爱在布达佩斯

50 毫升爱尔兰威士忌
25 毫升帕林卡樱桃酒
半个柠檬
半个蛋白
一小撮冰糖
2 滴安古斯图拉苦酒

榨出柠檬汁，放入调酒器，把安古斯图拉苦酒以外的所有原料放入调酒器，和冰块一起调制，倒入高脚玻璃杯，加入 2 滴安古斯图拉苦酒。

一瓶好的帕林卡售价约 35 欧元，别试图省钱，低于这个价格，你的胃可能会怪你。

捷克
比尔森啤酒

让我们一起去发现世界上流传最广、被仿制最多的啤酒类型吧，它的出现是世界啤酒酿造史的转折点。

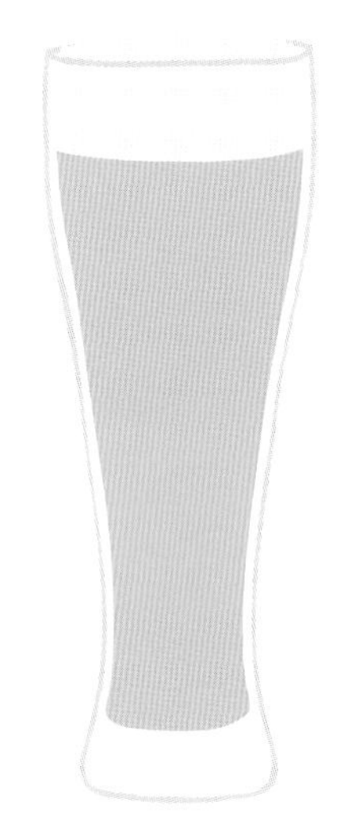

比尔森啤酒之都
比尔森

年产量
（单位：万升）
200 000

酒精度
4~6 度

瓶装价格
2 欧元

起源

1838 年，在捷克的比尔森地区，36 桶淡色艾尔啤酒被从业者自愿当街公开销毁，以抗议当时啤酒业的粗制滥造。这也许是历史上第一次为了高质量啤酒而进行的示威活动。活动的结果是，啤酒制造者自省并为制造出质量更稳定的啤酒而联合起来。同一时期，路易斯·巴斯德和西奥多·施旺的研究工作证明了在糖分转化为酒精的过程中，酵母对持续发酵起到了核心作用。其实早在 1842 年，约瑟夫·格罗尔用低温发酵（5~10℃）技术，酿造出史上第一款透明啤酒。这款啤酒一经面世就大获成功。这种综合了低温发酵和巴氏灭菌的技术手法使得比尔森啤酒成为品质最稳定可靠的啤酒之一，它可以储存很久并且受污染的风险微乎其微。这款啤酒经受了平衡和美学的双重挑战，因此得到工业化啤酒制造者的青睐并不奇怪。

约瑟夫·格罗尔在 **1842** 年酿造出史上第一款透明啤酒。

品鉴

比尔森啤酒属于三大啤酒家族之一的拉格啤酒。它透明清亮，酒体呈金黄色。啤酒花加得少，口感轻盈，极易入口。很多小微啤酒厂正竭力重振其威名，此前这款啤酒只剩金黄色这个特点了。非过滤的比尔森啤酒是不用巴氏灭菌法的，这种技法上的改变使该酒更有特点，因此也更有趣。

口感轻盈，极易入口。

好啤酒喝一口就知道了，再喝不过是确认。

——捷克俗语

几个历史瞬间

5 世纪 → 1842 年 → 1873 年 → 2019 年

5 世纪	1842 年	1873 年	2019 年
捷克西部地区有啤酒花种植的痕迹。	约瑟夫·格罗尔酿造了史上第一款比尔森啤酒。	捷克啤酒制造者联盟成立。	世界上 80% 的酿造啤酒是比尔森啤酒。

利贝雷茨州
利贝雷茨
德 国
杰钦
乌斯季
奥赫热河
特普利采
莫斯特
霍穆托夫
赫拉德茨–
克拉洛韦州
波 兰
卡罗维发利州
卡罗维发利
布拉格
克拉德诺
赫拉德茨–克拉洛韦
摩拉维亚–
西里西亚州
布拉格
帕尔杜比采
帕尔杜比采州
奥洛莫乌茨州
奥帕瓦
哈维若夫
比尔森
俄斯特拉发
比尔森州
拉德布扎河
中波希米亚州
维索基纳州
摩拉瓦河
奥洛莫乌茨
弗里代克–
米斯泰克
伊赫拉瓦
布尔诺
兹林
南捷克州
兹林州
捷克布杰约维采
南摩拉维亚州
利普诺水库
斯洛伐克
奥地利

> 60
40~60
20~40
0~20
该地区啤酒厂数量

0 30 60 千米

捷克是人均年啤酒消费量最高的国家之一。在布拉格的酒吧里，0.56 升比尔森啤酒均价为 1.55 欧元。你还在等什么呢？快订机票吧！

10% 其他类型啤酒
90%比尔森啤酒

捷克啤酒类型

路易斯·巴斯德
（1822—1895），
法国科学家

其研究工作致力于给欧洲啤酒酿造者带来新的前景。

1857 年：他证明并描述了酵母在酒精发酵中的作用。

1876 年：他提倡隔绝空气的发酵技术。

“巴氏啤酒”是啤酒的一种，它利用加热的方法来杀死啤酒中的微生物，进而使啤酒保存更久。

波兰
蜂蜜酒

蜂蜜令人着迷，发酵工艺也令人着迷，所以强强联合，蜂蜜酒当然令人着迷！让我们一同前往波兰，去探寻人类最古老的酒精饮料之一吧！

年产量
（单位：万升）
140
酒精度
10~16度
瓶装价格
15欧元

起源

从词源上看，蜂蜜酒是水和蜂蜜的结合。蜜蜂产蜜有1.5亿年的历史了，而从中提取酒精则要等好奇的人类来做尝试。

蜂蜜酒的生产最早出现在青铜时代（公元前3000年—公元前1000年）的欧洲北部，即现在的丹麦地区。蜂蜜酒是蜂蜜和水按一定比例混合后，再经过几个月的发酵而得到的一种饮料。现今世界上至少有20 000种蜜蜂，它是酿造葡萄酒的葡萄品种数量的3倍多。蜜蜂种类、所采花粉的植物品种、风土和制备方法之间的组合，可以说是无穷无尽的。

蜂蜜酒是蜂蜜和水按一定比例混合后，再经过发酵而得到的一种饮料。

品鉴

很明显，蜂蜜的质量决定了酒的质量。洋槐花蜜、油菜花蜜或葵花蜜因为天然带有微妙的香气而被更多地选用。在波兰，冬天人们喝热的蜂蜜酒时，会加一点丁香或肉桂；夏天，就在里面加冰和柠檬皮。品尝的时候，请闭上眼睛，告诉自己，这是世界上唯一一种昆虫在里面起决定性作用的酒！

这是世界上唯一一种昆虫在里面起决定性作用的酒！

“葡萄酒从灰色土壤中来，蜂蜜酒从天上来。”

——塞巴斯蒂安·法比安·克洛诺维茨，波兰诗人。

几个历史瞬间

公元前**6000**年 → 公元前**350**年 → **2008**年

- 公元前6000年：出现以蜂蜜为原料发酵的最早考古痕迹。
- 公元前350年：在亚里士多德的作品中发现蜂蜜酒配方的痕迹。
- 2008年：四种波兰蜂蜜酒获得欧盟专属命名。

波兰蜂蜜酒的种类

茨沃尼亚克

按照一份蜂蜜、三份水的比例混合酿造，至少陈化 9 个月

托吉尼亚克

按照一份蜂蜜、两份水的比例混合酿造，至少陈化 1 年

德沃基尼亚克

按照一份蜂蜜、一份水的比例混合酿造，至少陈化 2 年

波尔托哈克

按照两份蜂蜜、一份水的比例混合酿造，至少陈化 3 年

蜜蜂

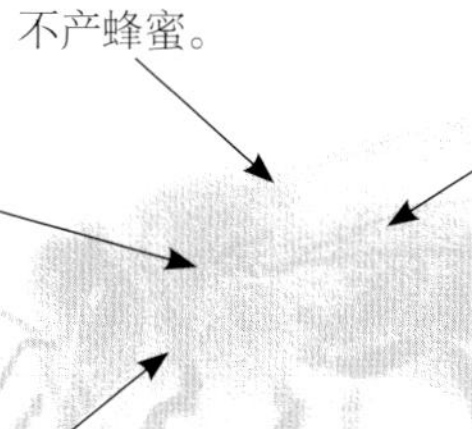

大部分蜜蜂不产蜂蜜。

当蜂蜜绝大部分来源于单一品种的花粉时，我们就称这种蜂蜜是“单花蜂蜜”或“原生蜜”。

地球上有记录的蜜蜂有 20 000 多种。

像蚂蚁或者白蚁一样，产蜜的蜜蜂是社会性昆虫，生活在由成千上万个体组成的社区——蜂群中。

雌蜂保持蜂群的生命力，而雄蜂唯一的作用就是繁殖未来的蜂王。

“蜜月”一词指的是用喝蜂蜜酒的方式来庆祝婚礼的古老传统。如今，这个风俗消失了，但这个词保留了下来。

蜂蜜酒的衍生

楚轩纳

布列塔尼地区用蜂蜜和苹果汁酿造的饮料

布拉格特

啤酒和蜂蜜混合而成的饮料

布莱克蜜德黑蜂蜜酒

用蜂蜜和黑加仑酿造的饮料，后来用蜂蜜和麦芽酿造

俄罗斯
伏特加

当有人说“伏特加”的时候，你满耳听到的却是“俄罗斯”。这个庞大的国家与其国酒紧密地联系在一起！但要小心你那些陈旧的刻板印象……

伏特加之都
莫斯科

年产量
（单位：万升）
200 000

酒精度
37.5度

瓶装
（700毫升）价格
28欧元

起源

Vodka音译为伏特加，是“小水”的意思。在斯拉夫语中，voda的意思是水，ka这个后缀带有亲昵的感情色彩，意思是“小的”。许多人认为伏特加是一种土豆酒，但其实它并没有那么简单。伏特加是一种从淀粉的糖中提取的烧酒制品，这种糖在植物里充当葡萄糖储备。也就是说，任何由淀粉组成的东西都可以酿造伏特加。大麦、黑麦、土豆、甜菜都是经常用来蒸馏的原料。在俄罗斯，好几个世纪以来，伏特加就像个可怕的孩子，国家既试图靠它营利，又因为其造成的军队损失而试图抵制它。

伏特加是世界上消费量最大的烈酒。

伏特加是世界上消费量最大的烈酒。

品鉴

当我们谈论伏特加的时候，“品鉴”不是第一个闯入脑海的词。事实上，这种白色的酒被看作大学生聚会用的酒，与华丽的餐桌不相配。这糟糕的声誉是40多年来伏特加的工业生产几乎完全不讲求质量的结果。不过，也有一些伏特加可能会改变你的想法。如果你手里拿的是超过25欧元一瓶的伏特加，你会惊讶于这种被低估的饮料所带来的复杂口味和激情。伏特加可以单饮，不过由于是中性的，也是很好的鸡尾酒基酒。

去俄罗斯参观的时候，千万别错过当地的伏特加！你可以在街头的小酒馆里，往一只迷你塑料杯里倒一小杯伏特加，只花0.6欧元。

> “喝伏特加有两个时间：吃饭的时候和不吃饭的时候。”
>
> ——俄罗斯俗语

几个历史瞬间

1431年	1751年	1950年	1992年
第一次蒸馏谷物烧酒。	第一次正式使用“伏特加”一词。	在鸡尾酒浪潮中，伏特加流传到世界各地。	结束了苏联对伏特加的垄断生产。

白俄罗斯

40 毫升伏特加
40 毫升咖啡利口酒
20 毫升牛奶
20 毫升液态鲜奶油

装一杯冰，加入所有的原料，用 3 粒咖啡豆作为装饰。

血腥玛丽

50 毫升伏特加
100 毫升番茄汁
10 毫升黄柠檬汁
1 泵塔巴斯科辣椒酱
一撮盐和胡椒粉
1 根芹菜

装一杯冰，浇上柠檬汁、辣椒酱、胡椒粉和盐，加入番茄汁和伏特加，用 1 根芹菜作为装饰。

近年来，俄罗斯人对烈酒的消费减少，转向消费啤酒和葡萄酒。

关于这种烈酒到底是起源于俄罗斯还是波兰，仍存在争议。两国都争相认为伏特加起源于自己，到底哪一个被幸运地选中了呢？

生产伏特加的不同原料

黑麦： 黑麦是一种极其耐寒的谷物。因此冬季严寒的北欧国家用它酿酒。黑麦是酿造顶级俄罗斯伏特加的主要原料。

小麦： 小麦相比黑麦更容易被获得，也更便宜，十分适合大量生产。小麦会给酒带来柠檬、茴香或者胡椒的香气。

大麦： 大麦在俄罗斯很少见，但常用于酿造芬兰和英国伏特加。大麦比黑麦酿造的伏特加的口感要轻淡一些。

玉米： 经典的美国伏特加，带有黄油和熟玉米的香气。

土豆： 伏特加曾经是用土豆皮酿制的。今天，仅有 2%的伏特加还在使用这种原料。

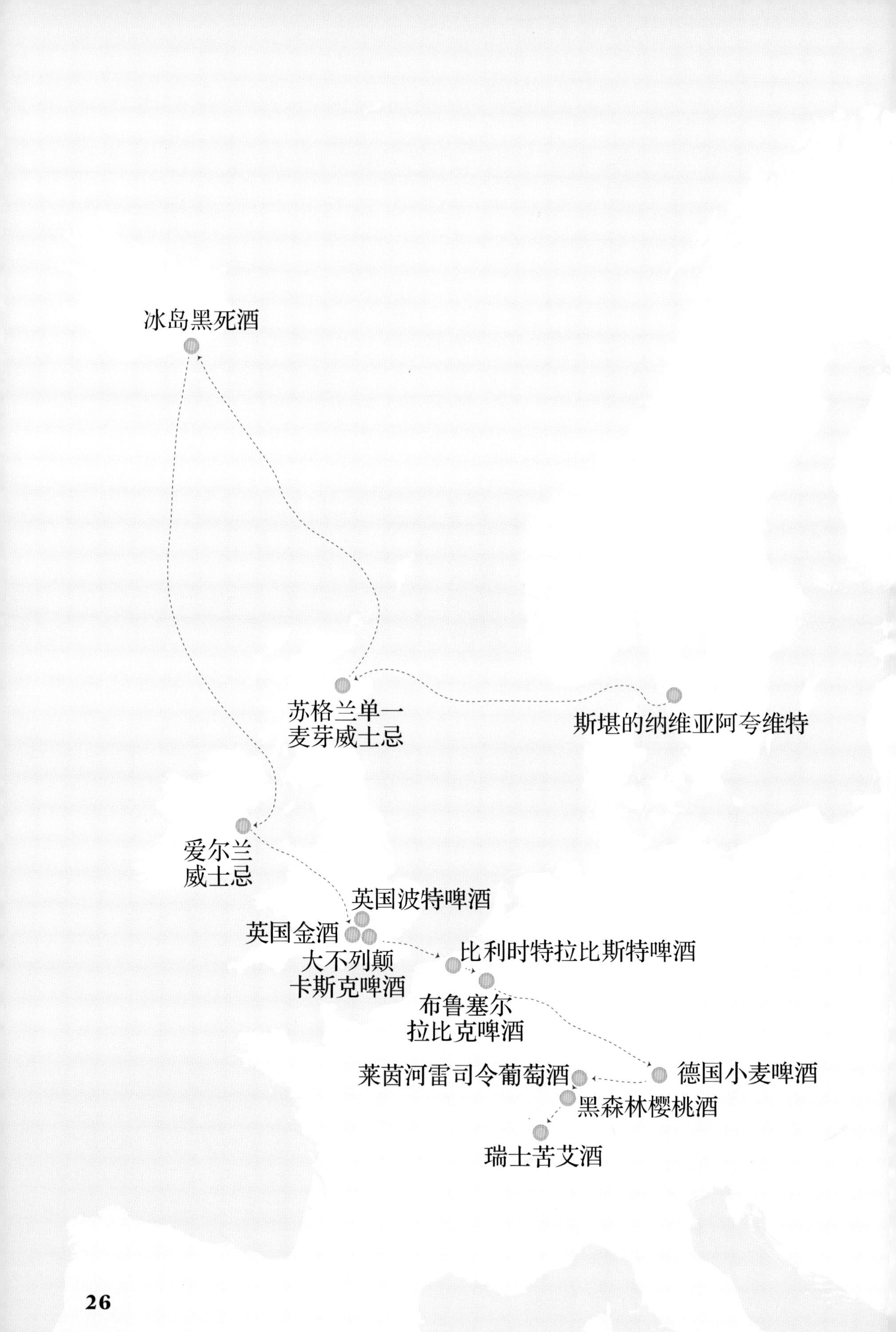

冰岛黑死酒

苏格兰单一
麦芽威士忌

斯堪的纳维亚阿夸维特

爱尔兰
威士忌

英国波特啤酒

英国金酒

大不列颠
卡斯克啤酒

比利时特拉比斯特啤酒

布鲁塞尔
拉比克啤酒

莱茵河雷司令葡萄酒

德国小麦啤酒

黑森林樱桃酒

瑞士苦艾酒

北欧

据说维京人和凯尔特人都有自己的魔药，用其来增强他们对抗大海和危险的能力。探索欧洲这一地区的酒类，宛如打开特拉比斯特隐修院的大门，走进黑森林的果园，端坐在英国的酒吧里，在苏格兰的烧酒厂里醒来。在以麦芽为王的英国，英国人为自己提高了啤酒、金酒和威士忌三种酒的声誉而感到骄傲，他们认为是自己将其推向世界。

斯堪的纳维亚
阿夸维特

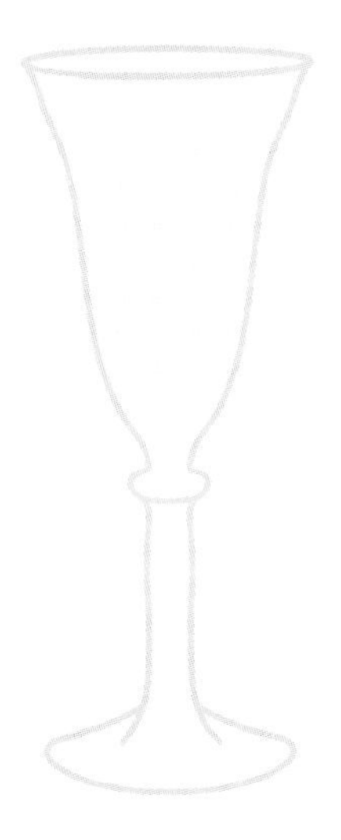

斯堪的纳维亚阿夸维特介于金酒和伏特加之间，是一种用植物调香的土豆烧酒或谷物烧酒。

年产量
（单位：万升）
1 000
酒精度
40度
瓶装
（700毫升）价格
25欧元

起源

斯堪的纳维亚位于北海与波罗的海之间，在以自然为女王的国家里，斯堪的纳维亚阿夸维特就是国王。从词源上讲，aquavit（阿夸维特）这个词来源于拉丁语“aqua vitae”，即“烧酒”的意思。像许多烈酒一样，斯堪的纳维亚阿夸维特是作为一种药水出现的。即使到了16世纪，仍然有人相信它具有治疗功效（还是用于治疗酒精中毒）！这些斯堪的纳维亚人啊，以毒攻毒，强！挪威、瑞典和丹麦有一段统一的历史时期，而斯堪的纳维亚阿夸维特比他们之间的边境线出现得还早。瑞典人和丹麦人用谷物制作烧酒，挪威人则一般用土豆作为原材料。后者还有一套基本成熟的桶装陈化工艺，这套工艺使得酒体具有更深的琥珀色泽。斯德哥尔摩的葡萄酒和烧酒博物馆收集了200多首斯堪的纳维亚阿夸维特的节日祝圣酒歌，因此复活节、圣诞节与这种酒相关就毫不奇怪了。

在以自然为女王的国家里，斯堪的纳维亚阿夸维特就是国王。

品鉴

一旦得到中性酒精，立刻用葛缕子（孜然“近亲”）、莳萝、八角，甚至芫荽来调香。在同一瓶酒里放入好几种植物也是可以的。同系列的香料实在太多了。在瑞典，人们用一种小玻璃杯喝斯堪的纳维亚阿夸维特，再喝500多毫升啤酒。斯堪的纳维亚阿夸维特与三文鱼或烟熏鱼是绝佳搭配。经过桶装陈化的斯堪的纳维亚阿夸维特可以在常温下饮用，未经陈化的酒则需要冰镇。

同系列的香料实在太多了。

> 斯堪的纳维亚阿夸维特让鱼进入胃里。
>
> ——挪威俗语

几个历史瞬间

1531年 → **2011**年

出现了有关斯堪的纳维亚阿夸维特最早的文字记载。

创造“挪威斯堪的纳维亚阿夸维特”这一名字。

斯堪的纳维亚阿夸维特的不同香型

斯堪的纳维亚阿夸维特长期作为一种正式药品存在。据传，一位挪威医生一年之内开出了4 800份斯堪的纳维亚阿夸维特处方。这位真的是医生吗？

苏格兰
单一麦芽威士忌

在英国北部，只有500多万人口的苏格兰生产了世界上2/3的威士忌：单一麦芽威士忌。它是威士忌中的绝对王者。

单一麦芽威士忌之都
达夫镇

年产量
（单位：万升）
2 700

酒精度
35~55度

瓶装价格
50欧元

起源

如果苏格兰人没有发明威士忌，那它就可能诞生在爱尔兰。可以肯定地说，苏格兰人掌握了威士忌的精髓。他们是最早研究土壤知识，随后又建立原产地命名体制的人，很快英国举国上下展示出对卓越和细节的追求。威士忌犹如王者降临在烧酒丛林中。专家一致认同单一麦芽威士忌是最正宗的威士忌，就像葡萄酒中有列级名庄一样。单一麦芽威士忌是一款仅以大麦麦芽为原料制作的威士忌。“单一”在这里还指在同一个蒸馏厂制备。大麦是一种淀粉含量很高的谷物，在出麦芽的过程中，会释放各种酶，在这些酶的作用下，淀粉转换成可以发酵的糖。酒窖主挑选一定数量的桶来酿造一款单一麦芽威士忌。酒瓶上标注的年份是这些酒桶中年份最近的那只桶的年份。

威士忌犹如王者降临在烧酒丛林中。

品鉴

放下手中的鸡尾酒指南，单一麦芽威士忌适合单饮。威士忌最重要的就是年份，看看蒸馏厂的年岁吧！你的琼浆玉液就是在那里诞生，然后在苏格兰的土地上，耐心地待在桶中数年，直到在你家的客厅中被重新开启。想想那些金黄的泥炭吧！它们来自要3 000年才能形成的土壤。自古以来就流淌的泉水也是威士忌不可或缺的元素。你的杯中不仅仅是大麦麦芽的蒸馏提取物，还是历史。

人们普遍相信威士忌年份越久越好，这种说法是正确的。我越老越喜欢威士忌。

——龙尼·科比特，苏格兰演员

几个历史瞬间

432年 → **1579年** → **1826年** → **1920年代**

- **432年**：在苏格兰的税收登记单上，第一次出现了威士忌的书面记录。
- **1579年**：苏格兰议会法令保留了贵族的蒸馏权。
- **1826年**：苏格兰人罗伯特·斯坦发明了我们今天所用的蒸馏器。
- **1920年代**：美国的禁酒令和经济大萧条导致苏格兰威士忌出口减少，黑市交易猖獗。

单一麦芽威士忌的香型

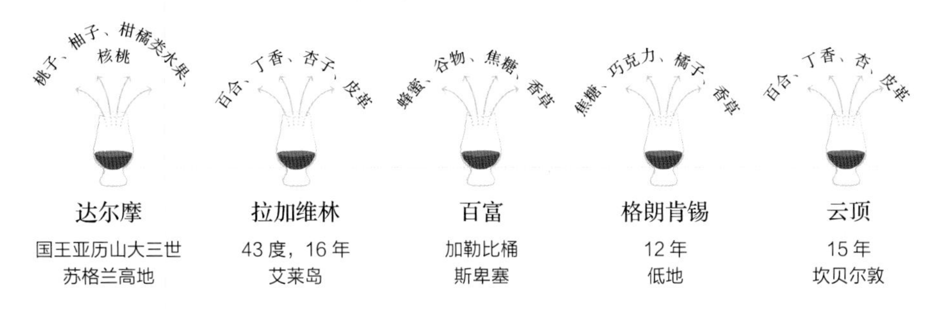

达尔摩	拉加维林	百富	格朗肯锡	云顶
国王亚历山大三世	43 度，16 年	加勒比桶	12 年	15 年
苏格兰高地	艾莱岛	斯卑塞	低地	坎贝尔敦

《苏格兰威士忌法案》规定：一款威士忌至少要在苏格兰本土蒸馏和陈化 3 年，才能在商品名称中使用“苏格兰”一词。

冰岛
黑死酒

坐落于极地圈门口的冰岛有一种世界尽头的气息，但冰岛的酒跟它的火山一样灼热。

黑死酒之都
雷克雅未克

年产量
（单位：万升）
20

酒精度
37.5 度

瓶装价格
40 欧元

起源

在冰岛，“brennivin”的意思是燃烧的葡萄酒，不过这种酒跟葡萄酒没有任何关系，因为它是一种土豆烧酒，用葛缕子调香。冰岛黑死酒与斯堪的纳维亚阿夸维特是“表亲”，二者的关系从两个地区的历史渊源上也解释得通：都是维京人的。20世纪初（1915—1935年），为了与酗酒做斗争，冰岛和美国一样实施了禁酒令。随后，冰岛政府为了使酒瓶不要太“诱人”，强制规定酒瓶必须是黑色的。一众品牌都服从了政府的命令，没想到这样却起了反作用：黑色的瓶子立即受到了冰岛民众和游客的欢迎。简直是华丽的尴尬！

冰岛黑死酒与斯堪的纳维亚阿夸维特是“表亲”。

品鉴

毫不夸张地说，这种酒跟冰岛的冬天一样酷烈！冰岛的海员是一群就算血都冻住了，眼睛也不会冷的硬汉，给这种酒起了一个绰号叫“黑色死亡”，你就可以借此想象这种酒的威力了。最好用一口杯来喝，还要加冰。黑死酒比寡淡的伏特加多了葛缕子的香气，开始的香气是很冲的茴香味，然后慢慢变淡。如果你想模仿当地人，可以用一块发酵的鲨鱼排佐酒：这是一道不容错过的冰岛美食。挺住，第一杯是最难的。

跟冰岛的冬天一样酷烈！

冰岛——冰与火之地。

——流行的说辞

几个历史瞬间

870年 → **15世纪** → **1915—1935年**

870年：维京人最早垦殖冰岛。

15世纪：有最早的黑死酒蒸馏痕迹。

1915—1935年：是冰岛禁酒令时期。

70 毫升黑死酒
100 毫升橙汁
100 毫升柠檬水
1 枝迷迭香

把黑死酒、橙汁和几个冰块，放进调酒杯混合，然后倒进一个玻璃杯里，加入柠檬水，用 1 枝迷迭香装饰。

50 毫升黑死酒
50 毫升朗姆酒
50 毫升咖啡
150 毫升柚子汁
几片薄荷叶

把所有材料和一些冰块放进调酒器混合，然后倒入一个玻璃杯里，用几片薄荷叶装饰。

演员迈克尔·马德森在昆汀·塔伦蒂诺导演的电影《杀死比尔 2》中喝了黑死酒。

爱尔兰
威士忌

在跌落宝座前，翡翠岛长期领跑威士忌世界。

爱尔兰威士忌之都
都柏林

年产量
（单位：万升）
10 000

酒精度
40~50度

瓶装
（700毫升）价格
35欧元

起源

蒸馏器能来到爱尔兰的土地上，这归功于传教士。英国人认为爱尔兰战士是从一种以谷物为原料蒸馏出的烧酒中汲取力量的。在美国禁酒令期间（1920—1933年），爱尔兰威士忌制造业受到沉重打击，失去了其主要市场。直到第二次世界大战结束，达成《欧洲共同市场协定》（1966年）以后，烧酒业才有了新的活力。爱尔兰威士忌和苏格兰威士忌使用的谷物一样，但尝起来没有泥炭味，使用的是不出麦芽的大麦，并经过了三次蒸馏。

品鉴

威士忌从蒸馏器中出来的时候，是无色透明的。经桶装陈化后，酒体会变得醇厚。颜色变深并不影响质量，只是让人觉得风味有变化。一些威士忌爱好者认为，威士忌中不应该添加任何东西，以保留其原味，不过大部分专业人士还是会兑水品尝。纯净水有凸显效果的作用，能“打开”威士忌，以便人们更好地享用它的全部香味，而加冰会让这些香味打折扣。要是天气实在太热，可以把酒瓶或杯子在冰箱里放上几分钟。三次蒸馏赋予威士忌浓郁的果香味。

三次蒸馏赋予威士忌浓郁的果香味。

“黄油和威士忌都治不好的，就无药可救了。”

——爱尔兰俗语

几个历史瞬间

1200年 → **1608年** → **1826年** → **1950年**

- 1200年：传教士在他们的旅途中把蒸馏技术带回了爱尔兰。
- 1608年：北爱尔兰安特姆伯爵获得了从事蒸馏酒业的第一份官方牌照。
- 1826年：罗伯特·斯坦发明了谷物酒连续蒸馏器：柱形蒸馏器。
- 1950年：《爱尔兰威士忌法案》规定了使用“爱尔兰威士忌”命名的必要条件。

爱尔兰威士忌的 4 个版本

12 年知更鸟

米德尔顿酒厂

纯壶式蒸馏威士忌

在一个壶状蒸馏器中混合使用麦芽大麦和非麦芽大麦，即在一个蒸馏器里反复提炼

10 年布什米尔

爱尔兰烧酒厂

单一麦芽威士忌

使用 100% 大麦，在同一蒸馏器里酿造

帝霖单一谷物

帝霖威士忌公司

单一谷物威士忌

混合使用谷物（玉米、大麦、黑麦和小麦），在同一蒸馏器里酿造

12 年尊美醇

爱尔兰烧酒厂

调和威士忌

调和前面提到的至少两种威士忌

英国

波特啤酒

是的，跟人们一直以为的不一样，颜色最深的啤酒诞生在英格兰。

波特啤酒之都
伦敦

年产量
（单位：万升）
33 000

酒精度
4~12度

瓶装
（330毫升）价格
3.5欧元

起源

波特啤酒来源于把当时世界上不同啤酒的优点结合起来的想法。结果就有了这款酒精度低又清凉爽口，适合伦敦港码头工人解渴的饮料，它被称为“搬运工酒”[①]，名副其实。后来，“世涛”指酒体更稠、更醇厚的波特啤酒。不过这两个名字殊途同归，最终都成为啤酒的代名词。波特啤酒是英国的，也是爱尔兰的。爱尔兰通过多年经营，使得健力士啤酒成为世涛啤酒的著名品牌。这款啤酒的颜色来源于其使用的烘焙大麦。在转桶中，它吸收了椰子和香草的味道。

这款啤酒的颜色来源于其使用的烘焙大麦。

品鉴

波特啤酒不宜喝得太冰。饮用前半个多小时将啤酒从冰箱里拿出来。这款啤酒非常适合搭配白霉奶酪（如洛克福奶酪、奥弗涅蓝纹奶酪）。

世涛或波特啤酒可分为两种：干型和柔型（更柔滑、更好喝）。干型适合搭配海鲜，柔型适合搭配巧克力甜点。冬天最好是在火炉边独饮或一大桌人一起喝。300多年来，波特啤酒家族不断壮大，有多种改良版和异型版。最不寻常的一种是“牡蛎世涛啤酒”，它是经过一层碎牡蛎壳过滤的啤酒，这一工艺神奇地给啤酒增添了微量的钠和碘。

> 如果啤酒是餐后甜点，波特啤酒就是巧克力慕斯。
>
> ——杰夫·奥尔沃思，啤酒专家

几个历史瞬间

1718年 → **1780年** → **20世纪**

- 1718年：伦敦出现了波特啤酒的雏形。
- 1780年：亚瑟·健力士在爱尔兰酿造了他的第一款波特啤酒。
- 20世纪：用烘焙大麦代替烘焙麦芽。

① 在英语中，“搬运工”和“波特啤酒”是一个写法（porter）。——译者注

在烘焙大麦时，需要把麦种加热到非常高的温度才能得到和用麦芽酿酒一样的效果。大麦烘焙得越久，啤酒的颜色就越深，散发出的咖啡般的香气就越浓郁。

几种改良版波特啤酒

爱尔兰世涛

酒精少，干型，爽口

酒精度：4 度

牛奶世涛

在酿造过程中添加了乳糖，酒体如牛奶般丝滑、细腻

酒精度：6 度

俄罗斯帝国世涛

加了更多啤酒花，口感更圆润、苦涩

酒精度：10 度

牡蛎世涛

在酿造过程中使用了牡蛎，呈现出钠和碘的神奇香味

酒精度：6 度

英国
金酒

金酒诞生于荷兰，流行于英国，广泛生产于菲律宾，它是永不疲倦的流浪者。

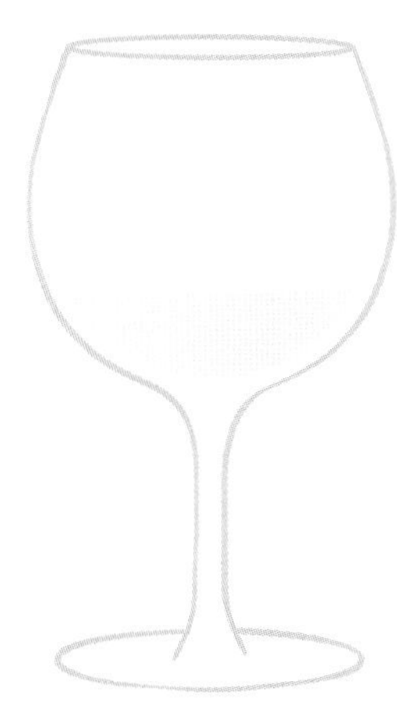

金酒之都
伦敦

年产量
（单位：万升）
38 000

酒精度
37.5~47 度

瓶装价格
30 欧元

起源

跟它的前身杜松子酒（荷兰的传统饮料）一样，金酒也是谷物烈酒，用刺柏浆果调香。中性酒精可以用大麦、黑麦、小麦谷物为原料，酿造时可以单独使用其中某一种谷物或混合使用几种谷物。调香原料主要是刺柏浆果，也有其他一些英国原产原料可以选择，比如柑橘类的皮、芫荽籽、小豆蔻或桂皮。今天，全世界都生产金酒，而菲律宾是金酒产量和销量最大的国家。

菲律宾是金酒产量和销量最大的国家。

品鉴

金酒很少纯饮。它是当今混搭界最潮的烈酒之一，入门级的混搭就是著名的“金汤力”：一款不容错过的鸡尾酒。它的发明还与健康问题有关！18 世纪，在印度的英国殖民者认为当地的水脏得无法饮用。水加了奎宁后有强身健体的功效，这似乎可以作为一种解决方案。为了抵消水里的苦味，又在水里加了一点儿金酒。由于金酒无色无味，加了金酒的水看起来只是冒泡的水！

作为基酒，金酒包容度极大，可融合的原料种类最为丰富。它复杂的香气堪称鸡尾酒爱好者的乐园。天然金酒与人工金酒有区别，前者用酒精浸泡香料来调香，后者把香精和酒混合。

金酒复杂的香气是鸡尾酒爱好者的乐园。

金汤力救活的英国人的身心，比帝国所有的医生都多。

——温斯顿·丘吉尔

几个历史瞬间

17 世纪 → **1736 年** → **18 世纪** → **1980 年**

- 17 世纪：荷兰人蒸馏出杜松子酒。
- 1736 年：金酒在英国受监管。
- 18 世纪：英国人把金酒带到菲律宾。
- 1980 年：在欧洲酒吧里，金酒成为主要饮料。

加拿大

美国

英国

荷兰

德国

斯洛文尼亚

西班牙

菲律宾

乌干达

“伦敦干金酒”这个名字完全不受地理限制，仅代表一种金酒风味，可能出产于世界上任何一个地方。

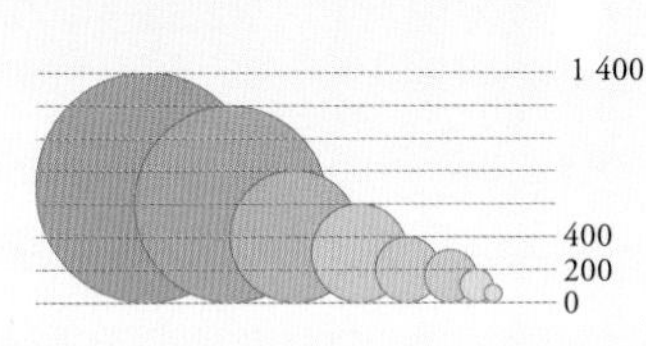

人均年消耗金酒升数

金酒消费的主要国家

4 种主要金酒

伦敦干金酒

最值得称道的是：不添加任何人工香精和色素。

金酒烧

它是世界上最有名的金酒风味类型，可以在成品中调香调色。

黑刺李金酒

黑刺李金酒有樱桃、杏仁、李子的香气。酒精度为 30 度。

桶陈金酒

伦敦干金酒经桶装陈化后，可用作白兰地或威士忌的原料酒，呈浅浅的琥珀色。

金汤力

50 毫升金酒
100 毫升奎宁水
冰块

依次把金酒和奎宁水洒在冰块上，再加一片柠檬和一些香料。

杜松子

杜松子，也叫“野梨”，属于柏科。

灌木，树干高 50 厘米至 15 米。

在古代和中世纪，杜松子入药用。

某些杜松子种可以存活 1 000 多年。

白夫人

50 毫升金酒
20 毫升橙皮利口酒
20 毫升鲜柠檬汁
冰块

用冰块冰镇所有原料，过滤，不加冰饮用。

大不列颠
卡斯克啤酒

既不用过滤，又不用巴氏灭菌法，这种活泼又经典的啤酒就是英国的酒吧酒。上帝拯救了啤酒！

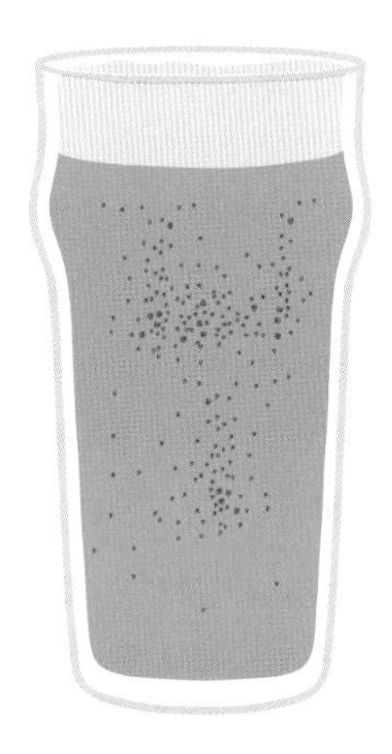

卡斯克啤酒之都
圣奥尔本斯

年产量
（单位：万升）
60 000

酒精度
3~6 度

酒吧
（500 毫升）价格
4 欧元

起源

“卡斯克”这个词与其说是一种啤酒风味类型，不如说是一种包装类型和上酒方式。这种啤酒用传统原料酿造，这些原料放在一个容器里发酵，也用同一个容器盛放。跟其他桶装啤酒不一样，“卡斯克”啤酒里面不加气体。出酒全靠服务员的手臂加压，上 500 多毫升酒就要压 4~5 次。这种上酒方式首先跟现实的经济情况有关。17 世纪啤酒瓶的发明是啤酒业的一场革命，但大众阶层还负担不起这种奢侈的瓶装酒，因此继续直接从桶里取用啤酒。今天，这种上酒方式在英格兰仍然广泛存在，并被认为是英国酒吧的传统象征。所有的卡斯克啤酒都用人工加压方式上酒，但并不是所有以人工方式加压的啤酒都是卡斯克啤酒。近年来美国和欧洲的一些酒吧为了做得更“英式”，也会采用这种民间方法。

品鉴

卡斯克啤酒不属于以香型分类的酒，因为它可以是任何风味香型（比如黑啤酒、精酿啤酒、英国苦啤酒）。它们的共同点在于不是特别爽口，且比其他啤酒的气泡少。啤酒酿造者中的纯粹派特别强调，酿造卡斯克啤酒时要先放啤酒花，麦芽则在酿造过程中加入。

几个历史瞬间

公元前 54 年 → **1393 年** → **1971 年**

公元前 54 年：当地有啤酒酿造的最早痕迹。

1393 年：“爱尔之家”更名为“公共之家”，后来改为“酒吧”。

1971 年：“争取散装啤酒”组织（CAMRA）成立，致力于推广传统的散装啤酒。

英国啤酒的酒吧分销

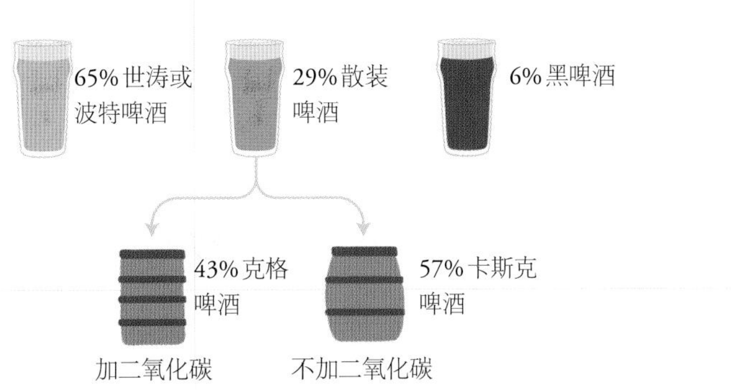

"Pub"（酒吧）这一名称来源于"public house"（公共之家）的缩写。这种场所在大不列颠获得巨大成功，致使 965 年爱德华国王不得不禁止在乡村新增"公共之家"（即酒吧）。

布鲁塞尔
拉比克啤酒

如何高度概括一下拉比克啤酒呢？简而言之，它就是世界上最复杂、最珍稀、最古老的啤酒。除此以外也没什么了！

拉比克啤酒之都
布鲁塞尔

年产量
（单位：万升）
5 000

酒精度
5度

瓶装
（750毫升）价格
8欧元

起源

根据一些文献记载，“Lambic”（拉比克）一词来源于“Lembeek”。“Lembeek”是布鲁塞尔南部的一个小村庄，坐落在塞纳河谷，以天然发酵的啤酒闻名。在“发酵”前面冠以“天然”二字，是因为从麦芽汁产生到啤酒酿造的过程中酿造者不加入酵母，而是让周围空气（特殊控制下的）中的酵母菌融入酿酒槽。这是唯一一款我们可以清楚地谈到“土壤”的啤酒，因为周围空气中的分子起了主要作用。1857年，路易·巴斯德的研究工作证明了酵母在发酵过程中所起的作用，依据这一点，所有啤酒酿造国都改进了酿造方法，在酿造时加入酵母。绝大多数的人都这样，除了一小撮“顽固不化”的比利时人，他们坚持认为天然发酵仍然是最好的啤酒酿造方法。

这是唯一一款我们可以清楚地谈到“土壤”的啤酒。

品鉴

比较传统啤酒，拉比克啤酒略酸，酒精少，泡沫更少。新鲜的拉比克啤酒比陈化的更甜一些。最好的拉比克啤酒在良好的条件下可以保存30年。因此，乐多如此总结拉比克啤酒：土壤的特性、有限的生产周期、杰出的保存潜力……几乎堪比一款高级葡萄酒！

拉比克啤酒几乎堪比一款高级葡萄酒！

> “拉比克啤酒是啤酒的灵魂，是啤酒的过去、现在和未来。”
>
> ——让·胡穆勒，布鲁塞尔梅岱拉比克丰丹纳酒吧合伙人

几个历史瞬间

公元前4000年 在美索不达米亚，拉比克啤酒的祖先——名叫斯卡乎的啤酒被酿造出来了。

1857年 路易斯·巴斯德的研究工作证明了酵母在发酵过程中所起的核心作用。

1875年 A. 洛朗的《啤酒酿造字典》第一次提到了比利时酸啤酒。

1998年 “传统特产保护”组织成立，保护拉比克啤酒、酸啤酒和樱桃酸啤酒。

迈尔克特

0 2 4 千米

莫尔苏比特

阿瑟 韦默尔

特尔纳 热哈尔丹

列德克尔克

德托奇 缇麦曼

坎蒂隆

圣克威纳斯勒尼克

贝尔玉

德弗冈 林德曼

圣彼得斯–莱乌 特丰丹朗

乌德比尔瑟

圣热内斯赫德

哈勒

莱贝克

昂山 滑铁卢

缇儿干

布恩

蒂比兹

布鲁日 安特卫普

根特 布鲁塞尔

列日

那慕尔

沙勒鲁瓦

拉比克啤酒酿造者

改良拉比克啤酒制造者

在酿造啤酒的过程中，酵母是用量最少的原料，却是决定酿造成败的原料。它决定一款啤酒的起泡状态、酒精转化程度以及个性化特征。

拉比克啤酒改良厂（也叫酒精提纯厂）从拉比克啤酒酿造者手中购买酿造好的啤酒原液，然后将其陈化、调和和装灌。

传统拉比克啤酒不像工业产品那样可以全年生产。它的生产周期是从每年 10 月中旬到次年 4 月中旬。这段时间里，晚上较为凉爽，足以使啤酒发酵槽的温度降下来。

名词解释

拉比克啤酒
产于布鲁塞尔地区的天然发酵啤酒

酸啤酒
不同制造年份的拉比克啤酒的总称

陈酿酸啤酒
陈年拉比克啤酒的总称

樱桃酸酒
浸泡酸樱桃的拉比克啤酒

覆盆子酸酒
浸泡覆盆子的拉比克啤酒

冰糖酸酒
浸泡冰糖的拉比克啤酒

名词解释

林德曼甜啤酒

酒型：冰糖啤酒
啤酒厂：林德曼
4.2 度

桃红甘布里努斯

酒型：覆盆子酸酒
啤酒厂：坎蒂隆
5 度

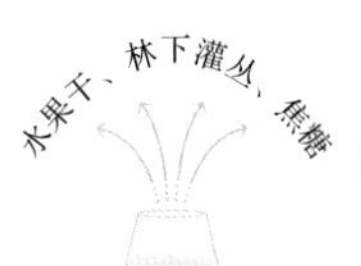

布恩完美婚礼酸樱桃啤酒

酒型：酸樱桃啤酒
啤酒厂：布恩
8 度

100% 有机拉比克酸啤酒

酒型：酸啤酒
啤酒厂：坎蒂隆
4.2 度

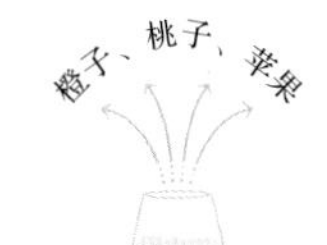

圣–阿尔芒和加斯东特酿酸啤酒

酒型：陈酿酸啤酒
啤酒厂：特丰丹朗
5.4 度

比利时
特拉比斯特啤酒

法国葡萄酒有列级庄酒，比利时啤酒有特拉比斯特酒，这是啤酒厂精选俱乐部，里面的成员（几乎）一只手就数得过来。

特拉比斯特啤酒之都
西佛莱特伦

年产量
（单位：万升）
3 900

酒精度
6~12 度

瓶装
（330毫升）价格
2.5 欧元

起源

特拉比斯特啤酒不是指一种啤酒风味，而是指生产的环境。它要在托比斯特西多会修道院里酿造。全世界共有11家特拉比斯特啤酒厂：6家在比利时，2家在荷兰，1家在奥地利，1家在意大利，还有1家在美国。除了满足修道院自身的需求，剩下的啤酒销售收益就捐给慈善事业。修士自己种植大麦和啤酒花，用大量的时间改进酿造工艺。北欧地区流行喝啤酒，这种现象与中世纪小冰期该地区葡萄藤的消失大有关系。[①]

全世界共有11家特拉比斯特啤酒厂。

品鉴

特拉比斯特啤酒不会呈现统一的风味，但它们都有一个共同点：采用上层发酵。这种酿造工艺所使用的“上层”酵母类型使得啤酒中的二氧化碳气体更少，酒精转化度更高，并带有水果、香料的味道。这种啤酒不能喝得太冷，最好在8~12℃时饮用。特拉比斯特啤酒的酒体通常比较醇厚，可以搭配各种不同的菜肴。菜肴和啤酒搭配成一个充满乐趣的游乐场。倒酒的时候，注意不要把瓶底最后几厘米的酒倒进杯子里，以免把酵母倒进了杯子。祝您健康！

> 如果亚当早知道苹果汁可以酿造啤酒，夏娃就绝不可能用苹果引诱他了。
>
> ——马塞尔·戈尔卡，作家

几个历史瞬间

1308年 → **1831年** → **1962年** → **2016年**

- 1308年：在布鲁日，啤酒酿造者第一次组织集会。
- 1831年：在西佛兰德省，圣斯克斯特修道院酿造出它的第一款啤酒。
- 1962年：国际特拉比斯特啤酒协会决定：“特拉比斯特啤酒”这一名称有严格的使用条件。
- 2016年：比利时啤酒被联合国教科文组织列入《非物质文化遗产名录》。

---

① 没有足够的葡萄来酿酒，只好以谷物为原料酿造啤酒。——译者注

不要把特拉比斯特啤酒与修道院啤酒混为一谈！工业啤酒酿造者用“修道院啤酒”指代所有由修道院酿造的啤酒。

荷兰

韦斯特马勒

阿西勒

布鲁日

安特卫普

根特

西佛兰德省

西佛莱特伦

弗朗德勒

布鲁塞尔

北

列日

德国

那慕尔

列日省

沙勒鲁瓦

法国

智美

罗什福尔

欧瓦尔

卢森堡

0 25 50 75 千米

AUTHENTIC TRAPPIST PRODUCT

这个标志由国际特拉比斯特啤酒协会颁发，用于鉴别正牌特拉比斯特啤酒、利口酒和奶酪等产品的真伪。

特拉比斯特啤酒精选

西佛兰德 12

四料：10.2 度

罗什福尔 8

深色烈性艾尔：9.2 度

智美

三料：8 度

韦斯特马勒

三料：9.5 度

欧瓦尔

比利时淡色艾尔：6.2 度

阿西勒 8

烈性艾尔：8 度

德国
小麦啤酒

在啤酒史上，许多风味啤酒差一点儿就消失了。小麦啤酒就是从啤酒酿造者和面包师的铁腕下逃出的幸存者。

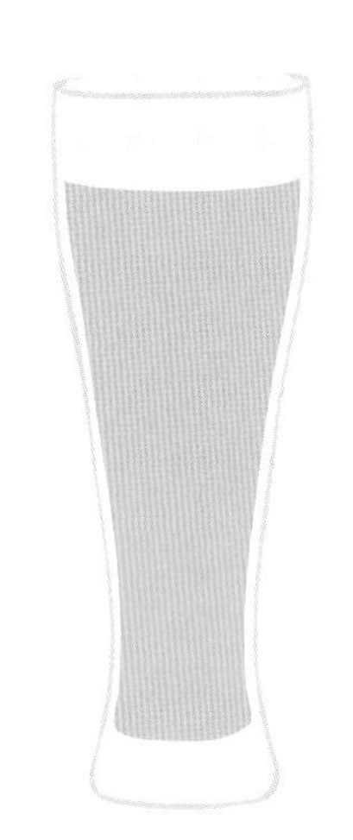

小麦啤酒之都
慕尼黑

年产量
（单位：万升）
70 000

酒精度
5~6 度

瓶装
（500 毫升）价格
2.5 欧元

起源

weizenbier（小麦啤酒）的字面意思是“小麦-啤酒”。这是一种通常采用上层发酵和70%小麦麦芽酿造的啤酒。这种风味啤酒的起源可以追溯到波希米亚（今捷克），但是在巴伐利亚，小麦啤酒才真正大热起来。然而，由于一部法令《纯度规定》，这款啤酒差一点儿就消失了。1516年制定的这一关于啤酒纯正化的法令是欧洲最古老的食品法令之一。为了保证小麦用于面包生产，该法令限制了小麦在啤酒酿造中的使用。法令实施后，一些啤酒酿造者放弃用小麦酿造啤酒，因此19世纪初，德国只有2家小麦啤酒厂了。极少数坚定的小麦啤酒爱好者以极强的信念花了两个世纪的时间，终于在20世纪80年代使这款风味啤酒成为巴伐利亚的象征。

由于一部法令，这款啤酒差一点儿就消失了。

品鉴

小麦啤酒使用的酵母很特别，会产生香蕉和丁香的味道。啤酒通常不过滤，所以比较浑浊。传统上，饮用巴伐利亚小麦啤酒需要使用一个细而高的玻璃杯，啤酒会持续产生大量泡沫。不同于其他啤酒的喝法，即将整瓶啤酒都倒进玻璃杯，这款啤酒需要先用冷水冲洗杯子，然后略微倾斜玻璃杯，先倒入3/4瓶啤酒，摇晃瓶底，搅动其中的酵母和额外的风味物质，再把最后1/4瓶酒倒入酒杯。

它有生香蕉和丁香的味道。

在德国，啤酒跟蔬菜无异。

——让-玛丽·古里奥，作家、编剧

几个历史瞬间

5 世纪 → **1516 年** → **1812 年**

5 世纪：捷克生产了第一款小麦啤酒。

1516 年：啤酒纯正化的法令《纯度规定》颁布。

1812 年：德国仅存 2 家小麦啤酒厂。

慕尼黑人为他们的啤酒而自豪。每年慕尼黑啤酒节都吸引超过 600 万名来自世界各地的游客。

三种主要的小麦啤酒

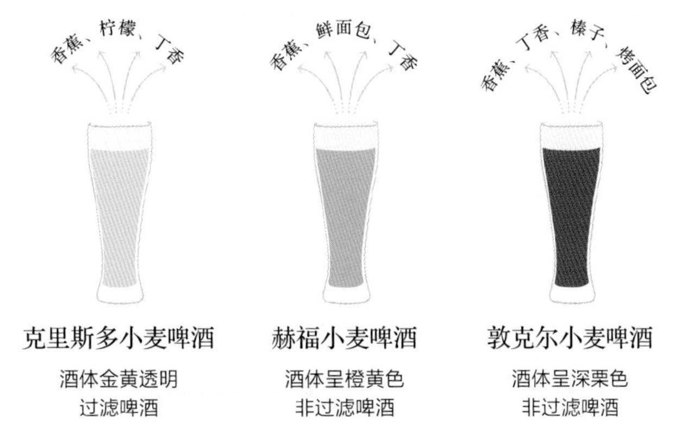

克里斯多小麦啤酒	赫福小麦啤酒	敦克尔小麦啤酒
酒体金黄透明	酒体呈橙黄色	酒体呈深栗色
过滤啤酒	非过滤啤酒	非过滤啤酒

莱茵河
雷司令白葡萄酒

很难搞清楚雷司令的发源地是法国还是德国，但可以确信的是，它有好多好故事可以讲。

雷司令白葡萄酒之都

德国特里尔，法国科尔马

年产量（单位：万升）

1 000

酒精度

12.5度

瓶装（750毫升）价格

17欧元起

起源

雷司令白葡萄最早由罗马人种植于德国莱茵河谷一侧。作为白葡萄品种古埃的后代，雷司令在当今世界各地（如新西兰、加利福尼亚）种植，不过，还是起源地的品质最好。除了个别地区用它和其他葡萄品种混酿，雷司令一直都是单一葡萄品种酿造葡萄酒。雷司令喜欢凉爽的气候，在这种气候下表现十分优异，而红葡萄则适应不了这种气候。在法国和德国，葡萄园都建在莱茵河及其支流陡峭的河岸上，那里阳光充足，吹不到寒风。

它最早由罗马人种植于德国莱茵河谷一侧。

品鉴

雷司令出色的潜藏香气使它与霞多丽、白诗南以及长相思等一起，进入优质白葡萄品种之列。雷司令真实反映了风土——与一些根深叶茂的葡萄品种不一样，雷司令主要汲取土壤的风味物质。优质雷司令白葡萄酒可以保存10~15年。把它装进醒酒器就好了，让香气尽情释放出来。跟所有优质葡萄酒一样，雷司令白葡萄酒的饮用温度不宜过低，温度太低会掩盖它的香气和风味。在餐桌上，雷司令白葡萄酒搭配鸡肉、鱼肉和海鲜是非常棒的，还可以与一些亚洲菜进行搭配。它既不像白诗南那样绵软，又不像长相思那样猛烈，还有霞多丽所远不及的保存潜力。雷司令白葡萄酒值得你拥有。

何以消愁？唯有爱情和阿尔萨斯葡萄酒。

——约瑟夫·格拉夫，音乐家、诗人

几个历史瞬间

1435年 → **15世纪** → **1996年**

1435年：一张德国农业销售清单上出现了“雷司令”一词的最早文字记录。

15世纪：雷司令被引进法国阿尔萨斯地区。

1996年：雷司令成为德国种植范围最广的葡萄品种。

雷司令在世界上的种植情况

（5 亿平方米）

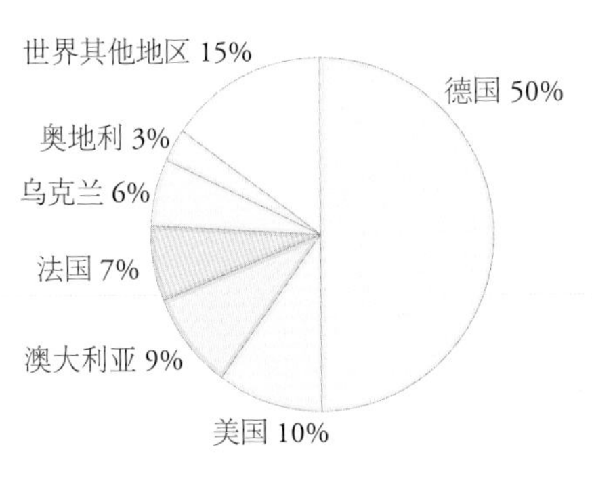

"推迟葡萄采摘期"就是让葡萄成熟直至从枝头自然脱落，然后长出一种真菌：葡萄孢菌。这种真菌会让葡萄失去水分，糖分和风味物质浓缩。

雷司令白葡萄酒的香型

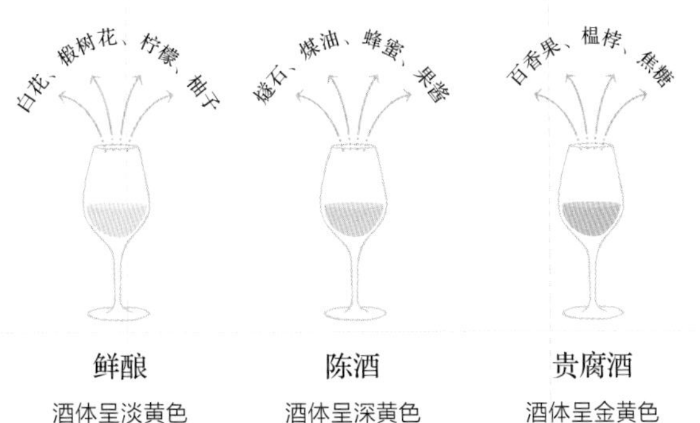

黑森林
樱桃酒

一种享有盛誉的蛋糕和一种口味独特的烈酒：黑森林樱桃是巴登地区美食的核心材料。当地的樱桃烧酒厂数以千计。

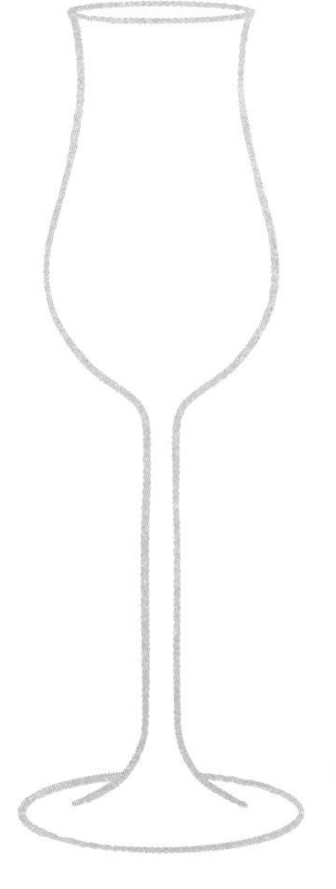

黑森林樱桃酒之都
奥伯基希

年产量
（单位：万升）
1 000

酒精度
40~45 度

瓶装
（700 毫升）价格
50 欧元

起源

樱桃酒，也叫“樱桃水”，起源于18世纪黑森林地区的农民阶层。农民从黑森林中采摘野生樱桃，并在当地将其酿造成手工樱桃酒。这种饮料只有在特殊的场合才会拿出来喝，因为至少需要10千克野生樱桃才能酿造出1升樱桃酒。后来，樱桃树的种植在这一地区发展起来，樱桃烧酒也流行于弗赖堡和巴登的小饭馆里。

今天，黑森林地区有14 000多家大大小小的烧酒厂，在那里，樱桃和其他水果诸如梨、李子、杏子等一起被制作成烧酒。值得一提的是，在德国，沸腾权（蒸馏权）是父子相承的，所以德国的烧酒厂通常都是家族生意。尽管樱桃酒起源于黑森林地区，但最近几十年，阿尔萨斯的孚日山区及其周边地区（弗吉霍尔的樱桃酒享有盛誉）也出产樱桃酒。此外，瑞士和莱茵河北部也出产樱桃酒。

今天，黑森林地区有14 000多家烧酒厂。

品鉴

在黑森林地区，樱桃采摘季从5月开始，采摘的樱桃必须完全成熟才能保证糖分高、果香浓郁。樱桃一摘下来就会被放到桶里发酵2~4周。樱桃果核的重量约占樱桃总重量的5%，将果核都捣碎后，加入蒸馏原液中：这使得黑森林樱桃酒具有独特的苦杏仁味道。再经过两年陈化，这种酒的味道会更好。

传统上，樱桃酒在当地用作消化酒，在糕点制作和本地果酱生产中都有着十分重要的作用。比如，有名的黑森林蛋糕是一种带着可可香气和樱桃酒味道，填满糖渍樱桃和掼奶油的小糕点。

> “马图琳娜带来一款樱桃酒。我们干杯。梅桑吉觉得不错。客栈老板又斟满了酒杯。”
>
> ——雷蒙·格诺《我的朋友皮埃罗》（1942）

几个历史瞬间

18世纪 → **1726年** → **2000年**

18世纪：手工樱桃酒在黑森林地区被农民蒸馏出来。

1726年：斯特拉斯堡主教颁布教谕，鼓励奥伯基希的居民以保障农民收入为目的进行蒸馏酒的生产。

2000年：黑森林地区有14 000家烧酒厂。

皇家樱桃酒

15 毫升樱桃酒
30 毫升樱桃糖浆
90 毫升香槟或起泡葡萄酒
2 颗糖渍樱桃

先把樱桃酒和樱桃糖浆倒入容器里混合，然后分装到香槟杯里，每个杯子里放 2 颗糖渍樱桃，加入起泡葡萄酒，即可享用。

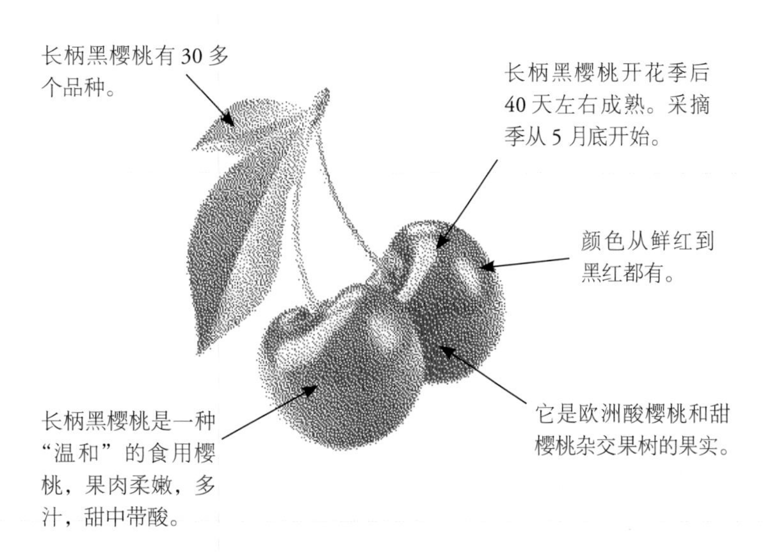

长柄黑樱桃

瑞士
苦艾酒

两个世纪以来，苦艾酒引发的故事——真实的或想象的——都足以让今人感叹它真是一款“令人疯狂的酒”。危险和高尚——这正是它的双重性。

瑞士苦艾酒之都
库韦

年产量
（单位：万升）
100

酒精度
45~70度

瓶装
（700毫升）价格
40欧元

苦艾酒让人遗忘，代价是使人头疼。喝下第一杯，您看到的是您想看到的样子，喝下第二杯，您看到的并不是您想象的样子，喝了第三杯，您看到的是这些东西真正的样子。没有比这更糟的了。

——奥斯卡·王尔德，作家

起源

毕达哥拉斯和希波克拉底早在公元前400年就谈论了苦艾酒作为春药和大脑兴奋剂的作用，但直到18世纪，在瑞士法语区的塔威山谷，这种酒才真正开启了它的传奇故事。一名法国医生调配了一剂以苦艾酒为基础的汤药，给他的患者服用。亨利-路易·佩尔诺看到了它的商业潜力，在库韦建立了第一家蒸馏酒厂。很快，这种饮料声名鹊起。在美好的年代里，苦艾酒在巴黎大受欢迎，征服了无数著名艺术家、诗人、作家。这种酒被认为含有侧柏酮的硫化物（一种苦艾植物中的有效成分），艺术界认为它是致幻剂，戒酒的人认为它有毒。苦艾酒的消费不断增长，它酿成的悲剧促使戒酒者一致要求禁止它的生产和销售，甚至为此采取激烈措施。1915年，继瑞士、美国后，法国诉讼获得成功。今天，苦艾酒在法国和瑞士重生，却抹不去曾被唤作“绿仙女”的不可磨灭的记忆。

品鉴

苦艾酒的原始配方有六种植物：大苦艾、小苦艾、大茴香、牛膝草、蜜蜂花、茴香，有时还加入芫荽、薄荷、婆婆纳或菖蒲。

喝苦艾酒的时候要兑水，通常三四份水兑一份苦艾酒。如果想遵循瑞士礼仪，必须慢慢倒进冰水，以便苦艾酒中的植物精油香气释放出来。当酒液呈不透明的绿色时，你便可以饮用了。这个仪式源自用酒杯一滴滴地接住苦艾泉流出的冰水。在法国，人们习惯在一勺苦艾酒里放一块方糖，慢慢把水从勺子里浇到酒杯里。

几个历史瞬间

1798年：亨利-路易·佩尔诺在库韦创立了第一家苦艾酒厂。

1830年：苦艾酒成为时髦饮料。

1915年：法国禁止生产和销售苦艾酒。

2005年：苦艾酒的生产与销售在瑞士重新得到许可。

苦艾酒历史上的流行地

苦艾酒传播的路径

大苦艾

中亚苦蒿

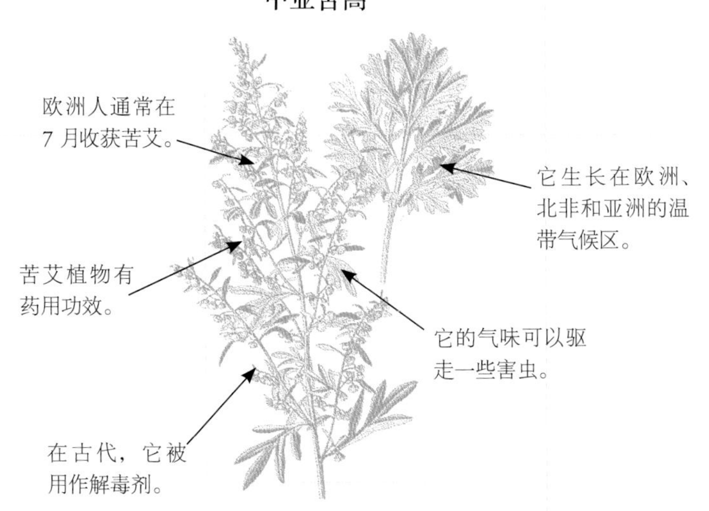

当您把苦艾酒倒进
水晶杯底部
放上一把金属勺子
上面放上糖，把糖敲成两半
一块叠在另一块上
让水灵巧地流过
水干净又似小瀑
仔细看，就是这样
别让它马上变淡
缓慢地倒进去
苦艾酒渐渐变浅
散发出神圣的香气
当您从这神奇的液体里
看到一片乳白
看见琥珀与欧珀般美丽的反光
您就这样
拥有了一杯制好的苦艾酒
享用我的经验吧
如果您想到它
您喧嚣的灵魂就会安静下来
为我们吟唱一曲

彼得吕斯·博雷尔
（1809—1859）《苦艾酒》

葡萄酒在反抗苦艾酒的阵营中起到了积极作用，因为这款绿色饮料的销量已经急剧下降。

法国

人们说，法国奶酪的种类和一年的天数一样多。其实，用这句话来形容法国酒的种类也不错！每个大区、每个省、每个村庄都有自己的葡萄酒、烈酒、苹果酒或者本地利口酒。在一年中每一个放松共享的时刻，“开胃酒”一词就回荡在空中。它还显得特别法式，在其他语言中找不到一个贴切的词来翻译它就是明证。从苹果酒到查尔特勒酒，从白兰地到黄香李酒，毫无疑问，法国是饮品种类最多的国家。

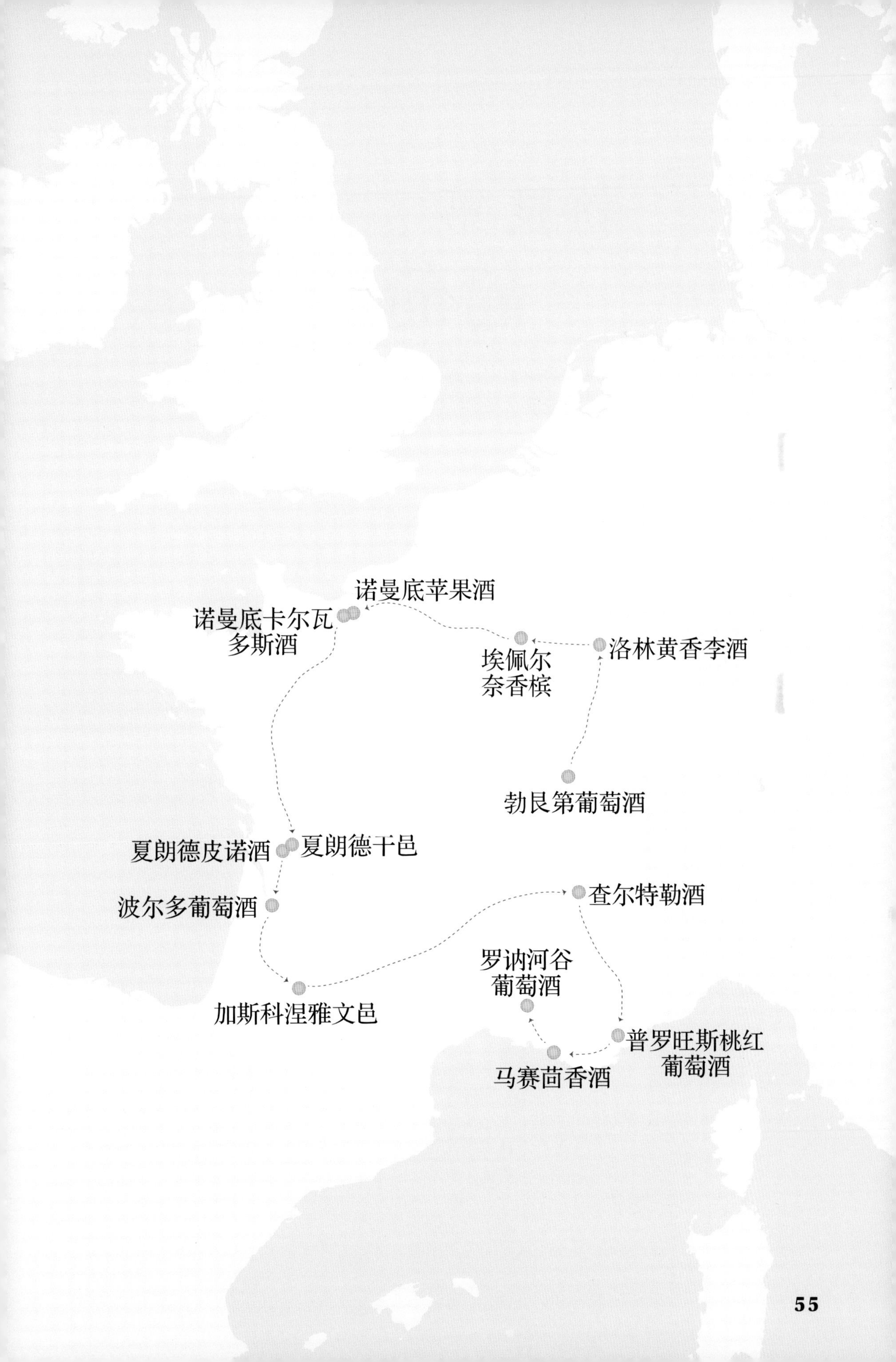

诺曼底苹果酒
诺曼底卡尔瓦多斯酒
埃佩尔奈香槟
洛林黄香李酒
勃艮第葡萄酒
夏朗德皮诺酒
夏朗德干邑
波尔多葡萄酒
查尔特勒酒
罗讷河谷葡萄酒
加斯科涅雅文邑
普罗旺斯桃红葡萄酒
马赛茴香酒

葡萄酒

20

第二十杯酒

勃艮第
葡萄酒

在勃垦第产区，葡萄酒之路就是通往卓越之路，黑皮诺和霞多丽两大葡萄品种主宰着这里。

勃艮第葡萄酒之都
博纳

年产量
（单位：万升）
14 100

酒精度
12 度

瓶装
（750 毫升）价格
35~50 欧元

起源

葡萄酒的历史与人类活动史密不可分，勃艮第就是一个明显的例子。2 000 年来，勃艮第地区同葡萄酒一起成长，也为葡萄酒而成长。从最初罗马人带来葡萄藤，到联合国教科文组织承认其为杰出的葡萄酒文化遗产，葡萄酒之路被认可的一直都是其品质。作为拿破仑和众多教士的心头爱，勃艮第葡萄酒常常被拿来与香槟相提并论。但原本只为解决罗马士兵的“口渴”问题而诞生的葡萄酒，能留驻此地绝非偶然。这一地区沿着一条地理断层裂缝生成，这一断层有着极其丰富的沉积层。葡萄园的分割遵循《拿破仑法典》关于后代均分的规定，今天中型葡萄园一个连着一个坐落在这片 7 万平方米的土地上。

品鉴

所有勃艮第葡萄酒都是单一品种葡萄酒，即它来自同一个葡萄品种：白葡萄酒用的是霞多丽，红葡萄酒用的是黑皮诺。

勃艮第葡萄酒以细腻和优雅区别于其他葡萄酒。

勃艮第葡萄酒以细腻和优雅区别于其他葡萄酒。

这两个葡萄品种都在当地种植，宜生长在当地富含钙质的小山坡上。

勃艮第葡萄酒（无论是白葡萄酒还是红葡萄酒）都优质考究，超然出众。北部的白葡萄酒紧致、富含矿质，南部的红葡萄酒更柔和、果味更浓。

红酒是夜丘和伯恩丘的王者。年份较短时，它会散发覆盆子、樱桃和桑葚等鲜果的香气。随着陈化时间渐长，它可以释放皮革、松露和林下灌丛的香味。黑皮诺优质与否决定了酒的陈化能力的高低。

酿成一瓶顶级葡萄酒要花费 15~20 年。所以，是的，我们要耐心一点儿。

要么成为博若莱那样的新酒，要么成为勃艮第那样的陈酿。

——罗贝尔·萨巴捷，作家

几个历史瞬间

1 世纪 → **1395 年** → **18 世纪** → **2015 年**

1 世纪：在高卢—罗马文明的影响下，葡萄园诞生了。

1395 年：菲利普·勒·阿尔迪禁种佳美娜，推广种植黑皮诺。

18 世纪：法国大革命之后，属于教会和贵族的葡萄园被当作国家资产出售。

2015 年：勃艮第葡萄种植地（当地人称之为“气候”）被列入联合国教科文组织《世界遗产名录》。

勃艮第葡萄酒仅占世界葡萄酒产量的0.5%，却是最受追捧的葡萄酒。在某一年世界50种最昂贵的葡萄酒排行榜上，32种勃艮第葡萄酒上榜。

不同产地霞多丽的香型

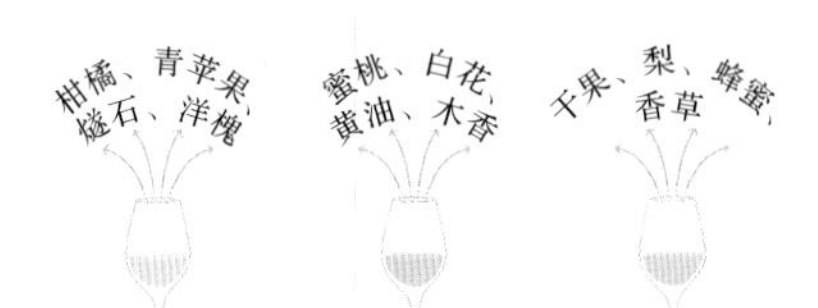

沙布利产区　伯恩丘产区　马孔奈产区

不同年份的黑皮诺的香型

4 年陈酿　8 年陈酿　12 年陈酿

第戎
马尔萨内坡
飞客山
热夫雷–香贝丹
莫雷–圣丹尼
香波–慕西尼
武若
沃恩–罗曼尼
上夜丘
夜–圣乔治
夜丘
佩尔南–韦热莱斯
萨维尼–莱博恩
拉杜瓦塞尔里尼
阿罗克斯–科尔登
上伯恩丘
玻玛
博恩
圣罗曼
沃尔内
蒙蝶利
欧克塞–迪雷斯
默尔索
圣欧班
普里尼–蒙哈榭
伯恩丘
夏山–蒙哈榭
桑特奈
桑比涅–马朗日
布哲宏
吕利
中央运河
梅尔居雷
沙隆
日夫里
夏隆内丘
蒙塔尼–比克西
索恩河
马孔奈
芒塞
杜尔吕
布海
夏多内
裕熙兹
卢尼
维尔
白宏
克吕尼
克莱赛
色诺赞
布赫热–拉维勒
比什耶尔
裕赫涅
佩瑟
韦尔热松
赛利耶尔
布伊利–福瑟
马孔
夏石拉
罗榭
圣–韦朗
万热朗
罗马勒石–多汗

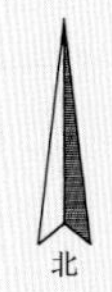

0　3　6千米

洛林
黄香李酒

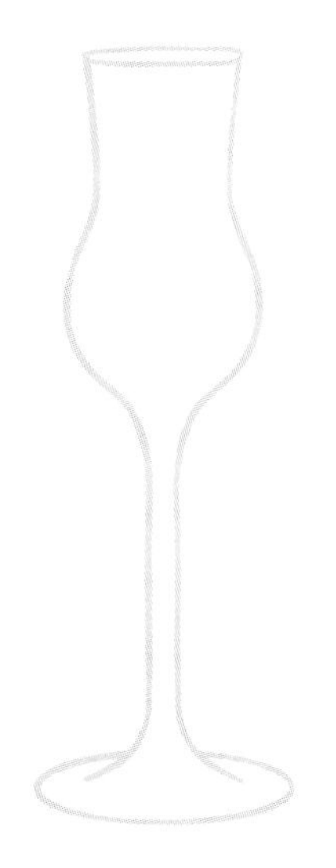

黄香李和洛林地区密不可分，这种黄色的小水果就种植在这个地区。黄香李的所有精华都被倾注于原产地的烈酒里，它也因此成为当地特色美食的主要代表。

洛林黄香李酒之都
梅斯

年产量
（单位：万升）
7 000

酒精度
45~50度

瓶装
（700毫升）价格
30欧元

起源

洛林出产最好的黄香李，这里最早是国王勒内的幼子勒内二世的采邑。勒内二世从高加索带来了第一株黄香李树，并把它种植在自己的土地上。19世纪末洛林大面积种植黄香李树，那时根瘤蚜摧毁了一个又一个法国葡萄园，黄香李果园就建在这些被摧毁的葡萄园里。洛林是世界上最大的黄香李产区：世界上每10个黄香李就有7个产自洛林！后来，法国废除了为保护葡萄酒酿造者的竞争力而禁止用其他有核水果制作蒸馏酒的法令，于是用"洛林女王"酿造的烈酒就出现了。从18世纪开始，洛林的农民就开始手工酿造黄香李酒，而且很长时间内酿酒场地一直是家庭作坊。洛林大区现在有4个省生产黄香李酒，但只有在圣杜瓦和默兹河两岸，黄香李烧酒厂最为密集。

世界上每10个黄香李就有7个产自洛林！

品鉴

8月，收获完全成熟的黄香李后，放在酿酒槽里发酵，得到原汁以后，用蒸馏器蒸馏两次，桶装陈化2年以后才能饮用。人们在饱餐一顿后再喝上一杯黄香李酒，可以帮助消化。人们在制作洛林的经典甜点黄香李舒芙蕾、巧克力、果酱时，也会滴上几滴黄香李酒，还有别处都寻不到的洛林酒心巧克力，也离不开它。

洛林黄香李酒一般用白色高脚杯盛放，酒面上放一块黄色的黄香李。

彰显美德、光彩夺目的黄香李酒啊，你为洛林注入灵魂。

——罗歇·瓦迪尔《黄香李酒，洛林故事》（1997）中让·布朗热的语录

几个历史瞬间

19世纪	1900年	20世纪	2015年
根瘤蚜危机发生：洛林的葡萄园遭受重创。	黄香李果园代替了葡萄园。	黄香李酒发展迅猛。	以原产地命名的"洛林黄香李酒"出现。

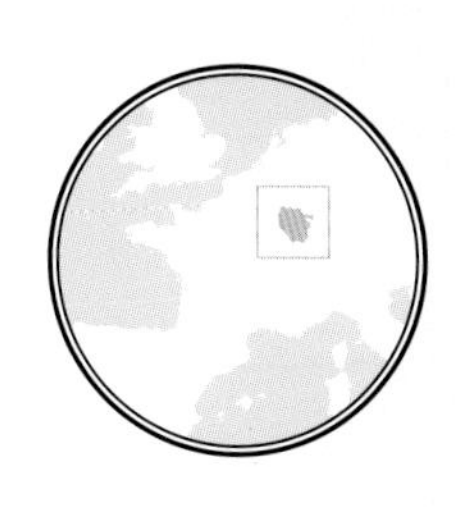

以原产地命名的法国烈酒自成一派，洛林黄香李酒是这个圈子里的一员。

洛林暴击

250 毫升洛林黄香李酒
250 毫升柠檬糖浆
250 毫升碧乐柯柠檬汁
1 升汽水

把洛林黄香李酒、柠檬糖浆和碧乐柯柠檬汁放进沙拉盆里混合，阴凉处放置一夜。在每个酒杯的底部加一点儿黄香李糖浆，不加冰块，倒入混合液。饮用前加入汽水，用搅拌勺轻轻搅拌。

洛林黄香李

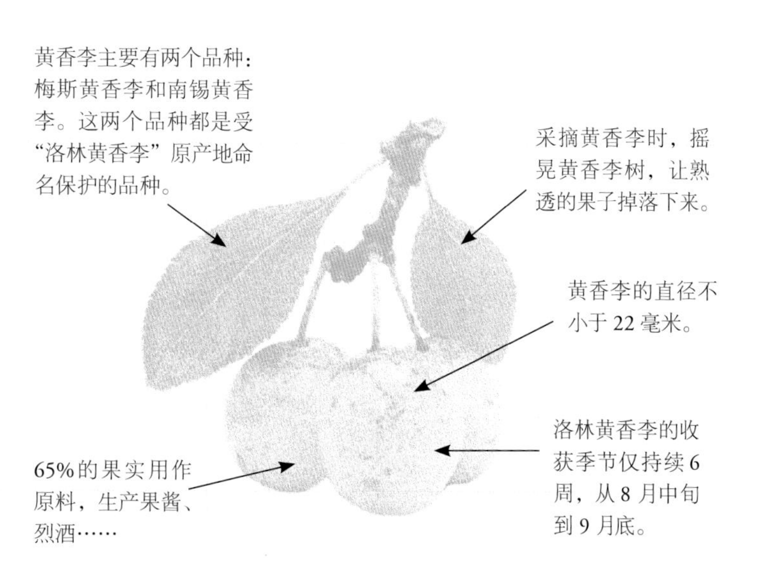

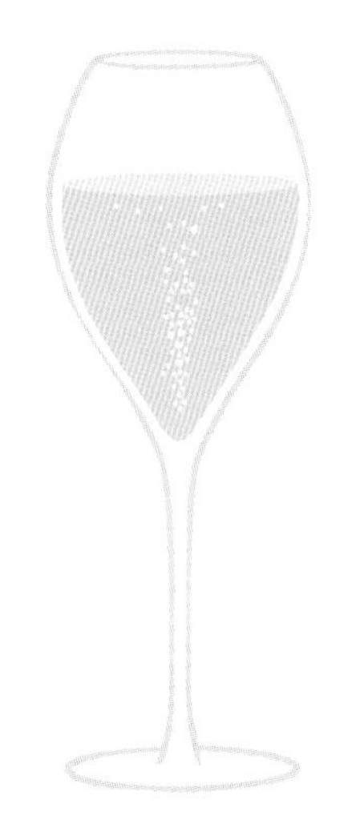

埃佩尔奈
香槟

埃佩尔奈香槟是节日和聚会的象征，从路易十四时期到史努比时代，这种世界上最有名的“水”从未停止冒泡，一路光彩熠熠。

香槟之都
埃佩尔奈

年产量
（单位：万升）
26 400

酒精度
12 度

瓶装
（750 毫升）价格
25 欧元

起源

罗马人把葡萄园里的葡萄变成了香槟，但在好几个世纪里，埃佩尔奈的葡萄酒仍以“法国葡萄酒”的名义投放市场。直到17世纪，“香槟”一词才出现，这是巴黎和英国资产阶级的新时尚。香槟的发展要归功于一个人：佩里尼翁（1638—1715）。他既不是葡萄酒酿造者，也不是炼金术士，而是从葡萄种植到压榨工艺的葡萄文化的捍卫者。他提倡将不同葡萄品种混合酿造以追求新的葡萄酒风味，他是这一理念的先驱。今天，除了标有酿造年份的香槟酒，还有不同土壤、不同年份的香槟酒调制而成的酒。葡萄园主要种植三种葡萄：黑皮诺、莫尼耶皮诺和霞多丽。在“香槟化”方法出现以前，葡萄酒的起泡是自然产生的、不可控的，所以当时会出现数千个葡萄酒瓶毫无征兆地突然炸裂的情况。

香槟的发展要归功于一个人：佩里尼翁（1638—1715）。

品鉴

笛形葡萄酒杯仍然是广受欢迎的品酒杯，而品酒人则一致认为传统的郁金香形玻璃葡萄酒杯更适合集中和品评香槟的香气。香槟酒适合“冰饮”，所以要喝前最后一刻才拿出冰箱。接受斟酒时，不要在“香槟人”面前倾斜您的杯子，这会让他感觉被冒犯。香槟的高贵就在于起泡，气泡在香气向上扩散的过程中起着关键作用。让泡沫充满杯子吧！请真切感受香气蜿蜒上升。香槟通常仅作为开胃酒，但在菜肴和葡萄酒之间需要协调的时候，它也是值得首选的伙伴。如果搭配鱼、烤鸡、奶酪，就上香槟吧！

不要在“香槟人”面前倾斜您的杯子，这会让他感觉被冒犯。

为救法国而战，更为了香槟而战。

——温斯顿·丘吉尔，英国政治家

几个历史瞬间

4 世纪 → **1837 年** → **1844 年** → **2015 年**

- 4 世纪：罗马人把葡萄树引进埃佩尔奈。
- 1837 年：“泡沫生发”技术出现。
- 1844 年：铁丝封口被发明：用一根铁丝将瓶塞固定在原位。
- 2015 年：山坡葡萄园、香槟作坊和酒窖都被联合国教科文组织列入《世界遗产名录》。

韦斯河
圣迪耶尔高地
兰斯
阿尔德河谷
兰斯山产区
马恩河谷
夏蒂庸–马恩
韦斯勒河
北
蒂耶里堡
埃佩尔奈
沙降
维特里–勒弗朗索瓦
白丘
马恩河
维特里–勒弗朗索瓦
塞扎讷丘
德尔–鸡鸣湖
奥布河
塞纳河
塞纳河
阿芒斯湖
蒙格
欧容–当普乐湖
东湖
特鲁瓦
巴尔–奥布
巴尔山坡
巴尔–塞纳
奥布河
0 10 20 30 千米

香槟“白中白”只使用霞多丽，香槟“黑中白”要用黑皮诺或莫尼耶皮诺。

葡萄的颜色

香槟葡萄园里白葡萄（霞多丽）产量与黑葡萄（黑皮诺、莫尼耶皮诺）产量比例

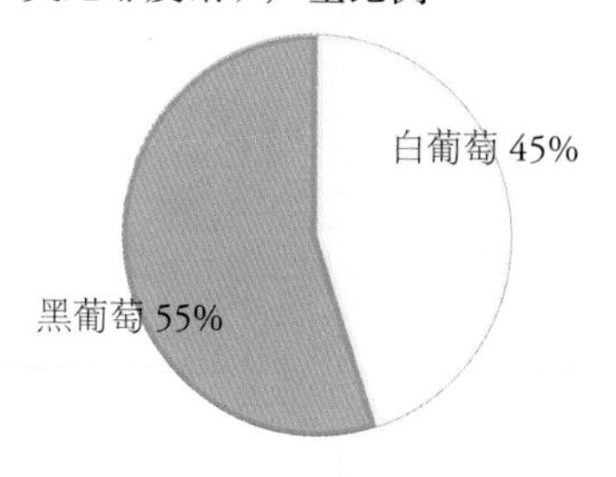

香槟的一生

香气的细微差别同样取决于葡萄品种的混合。霞多丽活泼，莫尼耶皮诺直率，而黑皮诺有层次感。

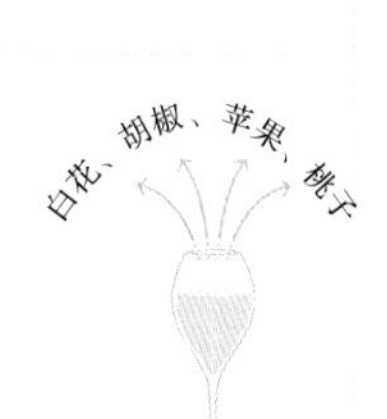

上升期

购买后 5 年以内
酒体呈淡黄色

成熟期

购买后 5~9 年
酒体呈淡金色

巅峰期

购买后 9 年以上
酒体呈金黄色或琥珀色

与人们想象的相反，大部分香槟是用黑葡萄酿造的，但要用去皮的黑葡萄（葡萄皮是葡萄酒颜色的来源），因此葡萄汁仍然是白色的。

诺曼底 苹果酒

诺曼底人没有发明苹果酒，但他们使苹果酒出名了。

苹果酒之都
康布勒梅尔

年产量
（单位：万升）
5 300

酒精度
2~6 度

瓶装
（700毫升）价格
3.5 欧元

起源

苹果酒是一款历史悠久的饮料，可以追溯到希伯来人，他们称其为不同于葡萄酒的水果发酵酒。但在希腊人和罗马人眼里，苹果酒的起源更确切：它是从西班牙阿斯图里亚斯和比斯开（巴斯克地区西北部）等地传来的。传说比斯开的海员喝苹果酒是为了预防坏血病，这是一种由严重缺乏维生素C引起的疾病。后来这个方法传到了诺曼底海员那里。尽管诺曼底的葡萄园里也种植苹果树，但直到11世纪苹果酒出现在该地区的证据才被找到。苹果酒的生产集中在奥日、贝桑和岗城平原等地，并随着压榨机的发明提高了产量。

中世纪末，在诺曼底的乡村地区，苹果酒的消费在农民圈子里更普遍。路易十三时期，诺曼底的葡萄园消失了，取而代之的是苹果园，当时该地区还推行了一系列有利于苹果酒经济活动的措施。

比斯开海员早就把苹果酒的配方传给了诺曼底人。

比斯开海员早就把苹果酒的配方传给了诺曼底人。

品鉴

中世纪，人们喝苹果酒，也喝葡萄酒、塞尔瓦兹啤酒，苹果酒只是日常佐餐酒的一种。现在，这种饮料被视作传统特色饮料，在圣蜡节、三王来朝节时饮用。苹果酒还用来搭配布列塔尼煎饼，这是一种精心制作的著名美食。我们推荐您在吃白肉、海鲜和奶酪时，试试搭配苹果酒。

苹果酒要和煎饼一起上。

> “吃牛羊肚不喝苹果酒，就像去了迪耶普不看大海。”
>
> ——让·迦本《名画追踪》（1968）

几个历史瞬间

1082年 在诺曼底，苹果酒首次被提到。

15世纪 苹果酒是巴斯和上诺曼底地区都有的饮料。

1532年 诺曼底苹果酒成为受地名保护的产品。

法国是世界上排名第一的苹果酒的水果原料生产国，而巴斯-诺曼底地区是法国排名第一的产区。

苹果酒的制作

法国有400多种可以制作苹果酒的苹果，主要分为三个类别：甜苹果、酸苹果和甜涩苹果。通过调整这些有各自特点的苹果的混合比例，可以得到独具风味的苹果酒。苹果的采摘期从9月15日开始，根据成熟度可以跨越三季。采收苹果后放在谷仓里待其继续成熟，此时苹果会产生一些香味物质。秋末，先用切槽机把苹果捣碎，然后通过压榨机榨汁。浓缩的果汁非常甜，很快就会发酵。酿造者滗清高纯度苹果酒液并加入天然酵母，在漫长的发酵过程中，糖分转化成酒精。最后一步就是装瓶，把苹果酒装进瓶子里，并尽快品尝。

不同类型的诺曼底苹果酒

甜苹果酒

非常清淡，很甜，口味接近苹果汁
酒精度低于3度

半干苹果酒

微甜，略带涩味，只允许用奥日地区原产地命名
酒精度为3.5~4.5度

干型苹果酒

几乎没有甜味，典型，非常解渴
酒精度为4~5度

特酿苹果酒

独一无二，每一款都在配方上有些新的变化

诺曼底
卡尔瓦多斯酒

诺曼底果园的儿子，喝着英吉利海峡的浪花长大，卡尔瓦多斯酒也呼应它的乳名“卡尔瓦”或者“水滴”。

卡尔瓦多斯酒之都
利雪

年产量
（单位：万升）
200

酒精度
40~45度

瓶装
（700毫升）价格
45欧元

起源

“卡尔瓦多斯”这个名字传说是从拉丁语“calva dorsa”演变来的，指“在古老的海图上，从贝桑港到英吉利海峡之间一段海滨峭壁的高度”。这个名字在1790年以后用作当地省名，从1884年用于命名该省所产的烧酒。不过在此之前，俗称“热苹果酒”的这种烧酒其实至少已经存在300年了。生产这种烧酒的苹果有三种：甜苹果、酸苹果和涩苹果。生产者根据想得到的成品口味来调整这三种苹果的比例。20~30千克苹果可以生产出15升苹果酒，蒸馏这些苹果酒以后，可以得到1升卡尔瓦多斯酒。

20~30千克苹果可以得到1升卡尔瓦多斯酒。

品鉴

卡尔瓦多斯酒绵长、醇厚、柔滑，因此吸引了很多威士忌爱好者的注意，他们认为可以在卡尔瓦多斯酒中找到一些威士忌的混合香型。

如今的卡尔瓦多斯酒已不是20世纪时那个简单的“卡尔瓦”（不精制的工人酒）。最近20年，烧酒酿造者在质量上的努力使得其调制的卡尔瓦多斯酒成为优秀的产品。卡尔瓦多斯酒通常作为开胃酒或者消化酒，在常温下饮用，不用冰镇。当然它也是理想的“诺曼底洞”，这是一种美食传统：吃大餐时，在两道菜的食用间隙喝一杯卡尔瓦多斯酒，以便促进消化。

如今的卡尔瓦多斯酒已不是20世纪时那个简单的“卡尔瓦”。

“我们的愿望？不要在提到卡尔瓦多斯酒的时候像是说过去的东西啦。”

——纪尧姆·德斯福耶什，利雪的生产商

几个历史瞬间

1553年 → **1884年** → **1942年**

1553年：诺曼底出现苹果酒蒸馏的最早书面记录。

1884年：“卡尔瓦多斯”一词第一次在书面文字中出现。

1942年：以原产地命名的“卡尔瓦多斯原产地酒”诞生。

三种卡尔瓦多斯原产地酒的比例

杜姆伏龙泰斯卡尔瓦多斯酒 1%

奥日区卡尔瓦多斯酒 24%

卡尔瓦多斯酒 75%

三种卡尔瓦多斯原产地酒的特点

卡尔瓦多斯酒：以诺曼底苹果酒为基酒蒸馏的烧酒。至少陈化 2 年。

奥日区卡尔瓦多斯酒：在复式蒸馏器里蒸馏的烧酒，即重复蒸馏两次以得到更“细腻”的烧酒。必须用奥日区的苹果酒为原料酒。至少陈化 2 年。

杜姆伏龙泰斯卡尔瓦多斯酒：在柱形蒸馏器（连续蒸馏器）里蒸馏的烧酒，至少在里面加 30% 的杜姆伏龙泰斯梨酒。至少陈化 3 年。

卡尔瓦多斯酒必须在诺曼底生产。然而，此酒在国外比在法国有名：50% 以上的卡尔瓦多斯酒都出口到了国外。

不同年份的卡尔瓦多斯酒的香型

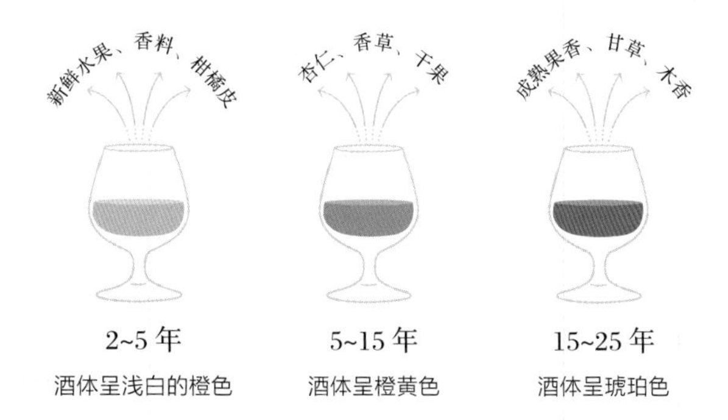

夏朗德干邑

采用传统技法、行销于全世界的夏朗德干邑，是法国烈酒中的高级定制品。

干邑之都
科尼亚克

年产量
（单位：万升）
7 100

酒精度
40 度

瓶装
（700 毫升）价格
60 欧元

起源

夏朗德的葡萄园有2 000年历史了，不过直到17世纪它才有了当地第一款葡萄烧酒产品。荷兰人在烧酒酿造上堪称老手，是他们发明了葡萄烧酒。两个世纪以后，地理学家亨利·戈刚（1811—1881）根据该地区生产的烧酒的品质，研究了6个产区的土壤等级。尚未发酵的葡萄汁都取自白葡萄品种，使用得最多的品种是白玉露，其次是鸽笼白和白福尔。这种葡萄汁经过发酵成为葡萄酒，在放入橡木桶酿造之前还要经过两次蒸馏。只有第二次蒸馏出来的精华才能进一步被酿造成干邑。这样的酿造过程才能保证收集干邑的一切优点和精致微妙的香气。此外，要配得上“干邑”的称号，烈酒还需在橡木桶里至少陈化2年。

酒库调酒师负责勾兑不同年份和不同产区的酒。

干邑必须产自干邑区——法国夏朗德省核心区。在装瓶装灌之前，酒库调酒师负责勾兑不同年份和不同产区的酒，他们是各个酒庄的“鼻子”和“数据库”。

品鉴

束口玻璃杯可以完好地呈现微妙的香气。不要过度晃动酒杯，要慢慢地、小口小口地细细品尝，玉液琼浆才会向你显露真身。大多数人在饮用干邑白兰地时要稀释、加冰或者将其做成鸡尾酒。如果说年份最近的干邑适宜混饮，那么珍藏年份的干邑或者特陈干邑则适宜单饮。干邑白兰地还是爱好旅行的奢侈品：每年有98%的产品出口到160个国家。

98%的产品会出口到其他国家。

> 谁都会酿干邑，只要您的父亲、祖父、曾祖父酿过。
>
> ——夏朗德地区的俗语

几个历史瞬间

17 世纪：夏朗德地区生产了世界上第一款以葡萄酒为原酒的烈性酒。

1909 年：划定干邑产区。

1938 年：干邑实行原产地命名控制。

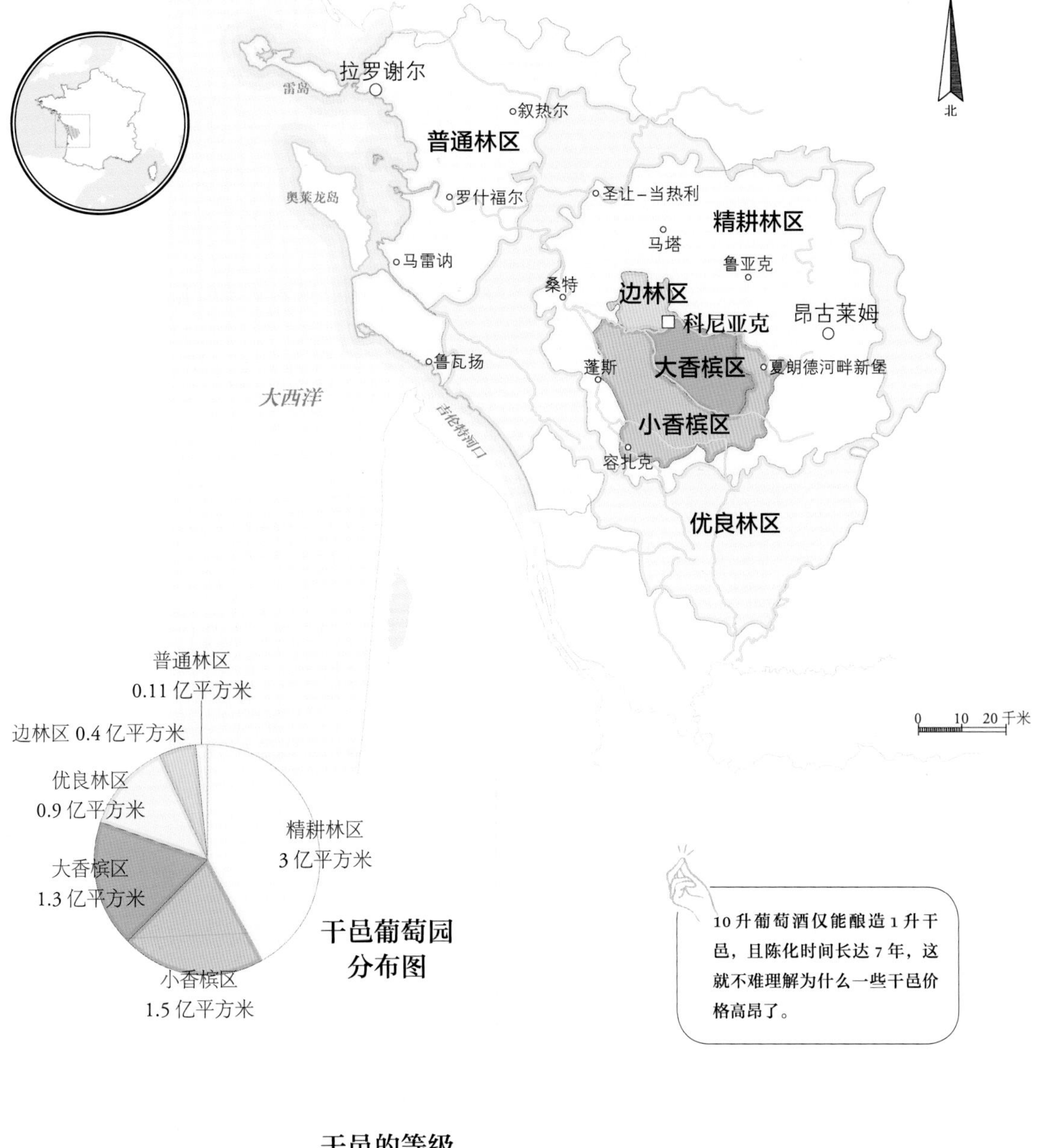

干邑葡萄园分布图

10 升葡萄酒仅能酿造 1 升干邑，且陈化时间长达 7 年，这就不难理解为什么一些干邑价格高昂了。

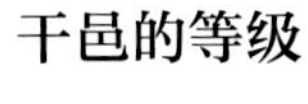

干邑的等级

VS（特型）

此款干邑由 2 年以上的陈酿勾兑。

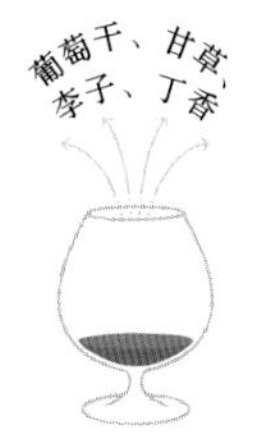

VSOP（珍酿老酒）

此款干邑由 4 年以上的陈酿勾兑。

XO（特陈干邑）

此款干邑由 6 年以上的陈酿勾兑。

夏朗德
皮诺酒

故事讲的是皮诺在成为果园水果和夏朗德的阳光果实之前，不过是一个意外的产物。

皮诺酒之都
科尼亚克

年产量
（单位：万升）
800

酒精度
16~22度

标准瓶装
（700毫升）价格
20欧元

起源

一位葡萄种植者一不留神把白兰地酒混入发酵的葡萄汁里了。想象一下，几年以后，当他发现一种琼浆果香扑鼻、充满阳光的味道时，他是多么震惊吧！皮诺酒就是这样一款发酵与蒸馏相遇后产生的酒。起初，人们把它当作一种葡萄烧酒，后来它也用原产地命名了，成为一种独立的酒种。此外，1945年，自半发酵方法出现以后，皮诺酒就成为法国第一款半发酵葡萄酒。制作夏朗德皮诺酒，需要在橡木桶里把3/4的葡萄汁和1/4的白兰地混合在一起，以上两者必须来自同一葡萄酒酿造者。

> 皮诺酒就是这样一款发酵与蒸馏相遇后产生的酒。

酿酒师经常用赤霞珠、品丽珠和美乐酿造桃红皮诺酒，而用白玉霓、鸽笼白、蒙蒂尔和赛米翁葡萄酿造白皮诺酒。

品鉴

皮诺酒最适合冰镇饮用，但不是往杯子里加冰块。酒一喝到嘴里，第一感受是爽口、鲜活、刺激，随后尝到浓浓的葡萄酒味。皮诺酒经常作为开胃酒饮用，不过，它也是肥鹅肝、洛克福羊乳奶酪、巧克力甜点或者焦糖苹果馅饼的佐餐佳品。在酒桶里酿制的时间越长，皮诺酒在嘴里的回味越悠长。陈酿皮诺酒的饮用温度不必那么低，常温就可以了。

> 它也是肥鹅肝、洛克福羊乳奶酪、巧克力甜点或者焦糖苹果馅饼的佐餐佳品。

> “上帝啊，请您赐予我长久的健康，常常关爱我，让我随时有皮诺酒喝。”
>
> ——夏朗德地区的祈祷词

几个历史瞬间

3世纪 → **1589年** → **1921年** → **1945年**

- 3世纪：罗马人带来了葡萄树。
- 1589年：夏朗德皮诺酒诞生。
- 1921年：夏朗德皮诺酒第一次进行商业交易，此前它一直是私人自酿、自饮。
- 1945年：夏朗德皮诺酒成为原产地命名产品。

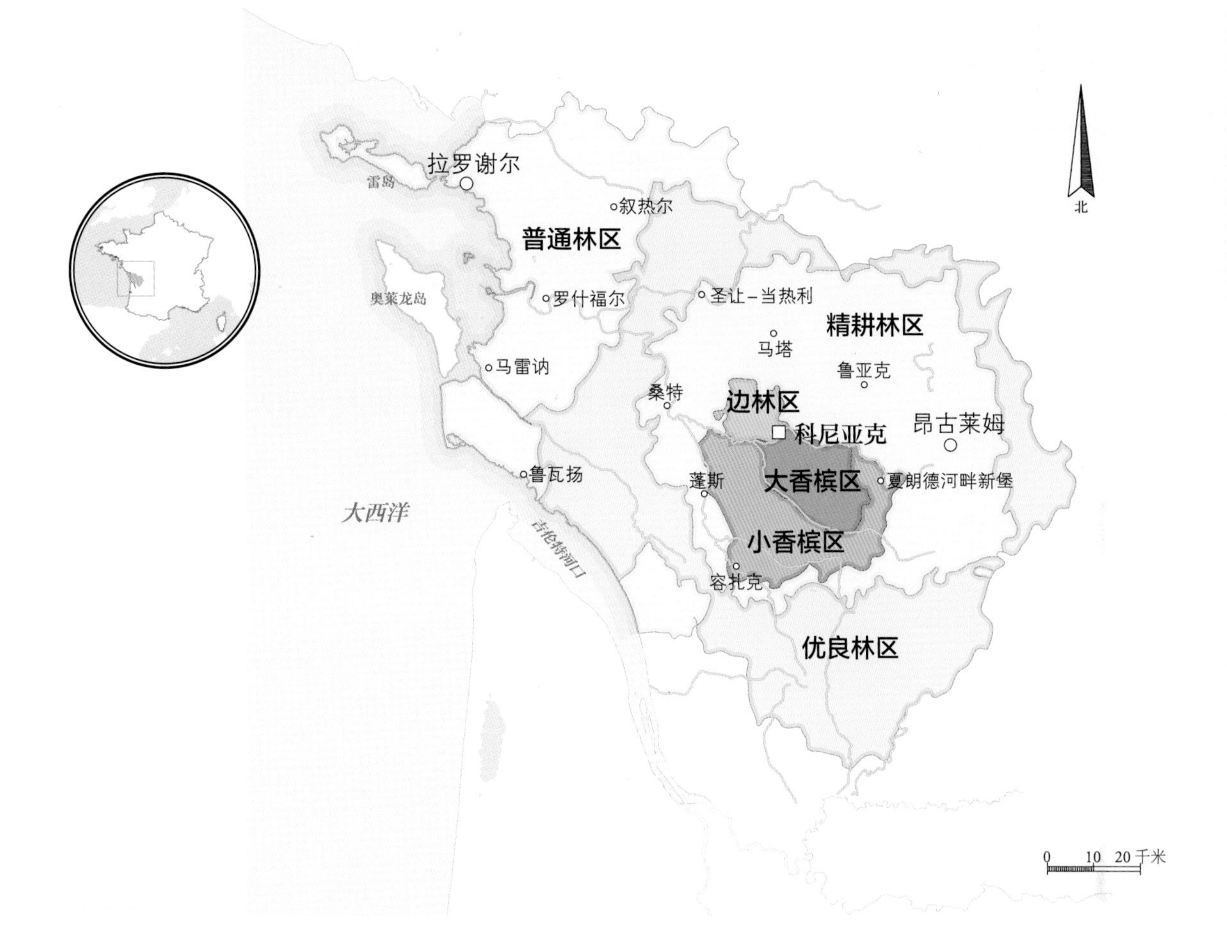

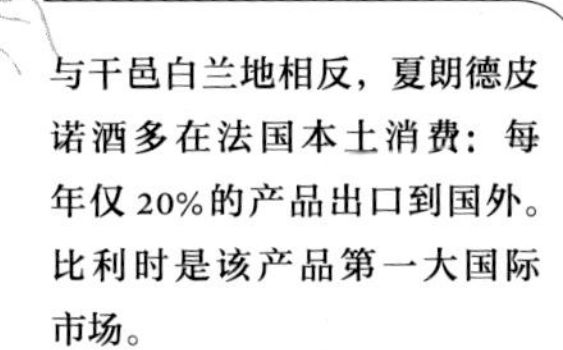

与干邑白兰地相反，夏朗德皮诺酒多在法国本土消费：每年仅20%的产品出口到国外。比利时是该产品第一大国际市场。

不同类型的皮诺酒

红皮诺和桃红皮诺酒

桶酿 8 个月

红皮诺和桃红皮诺老酒

桶酿至少 5 年

红皮诺和桃红皮诺特老酒

桶酿至少 10 年

白皮诺酒

桶酿至少 12 个月

白皮诺老酒

桶酿至少 5 年

白皮诺特老酒

桶酿至少 10 年

波尔多
葡萄酒

一种颜色，一座城市，更是一座葡萄园——几个世纪以来，波尔多就在那里，它就是世界红酒之都。

波尔多葡萄酒之都
波尔多

年产量
（单位：万升）
57 000

酒精度
14度

标准瓶装
（700毫升）价格
20欧元

起源

波尔多地区本不生长葡萄树，最早的葡萄藤是凯尔特人种下的，直到1世纪罗马人来到此地之后，才开辟了较大的葡萄园。欧洲人对波尔多葡萄酒的偏爱在文艺复兴时期快速增强，波尔多的港口使得波尔多人和英国商人的大部分交易得以顺利进行。1855年借巴黎世界博览会之机，拿破仑三世推出了波尔多葡萄酒的官方列级，这就是今天众所周知的列级名庄的起源。尽管这些列级酒庄仍然引起一些争议，但它们依然是葡萄酒酿造业的参考标准。

1世纪罗马人来到此地之后才开辟了较大的葡萄园。

波尔多地区的葡萄酿造土壤受气候变暖的影响最大。酒精度增长数值与葡萄成熟度息息相关。30年前，波尔多葡萄酒只有9度，现在已经接近14度了。

品鉴

波尔多葡萄酒需要从单宁和陈化能力两个方面来评价。波尔多红酒是调制红酒：每年由艺术家决定每个品种在园地内所占的精确比例。这些葡萄品种被分别酿制成葡萄酒，然后混合。左岸（梅多克产区、格拉夫产区）的葡萄酒主要用赤霞珠酿造，而右岸（利布尔讷产区）的葡萄酒主要用美乐酿造。

年份的影响在该地区尤其重要。要品尝波尔多最好的葡萄酒，需等7~15年。年份的长短决定葡萄酒的收藏潜力。在格拉夫产区，还能找到一些干白葡萄酒，在苏玳产区，有白葡萄利口酒。

“最好的葡萄酒是波尔多的，因为医生开药方都用波尔多红酒。”

——古斯塔夫·福楼拜，作家

几个历史瞬间

1152年 → **12世纪** → **1855年** → **2016年**

1152年	12世纪	1855年	2016年
阿基坦女公爵埃莉诺嫁给亨利二世。	葡萄园和波尔多港迅猛发展。	官方推出波尔多葡萄酒分级。	波尔多红酒城对公众开放。

滨海夏朗德省

大西洋

吉伦特河口

慕丽丝

梅多克

布莱–布尔

吉伦特–圣什耶

圣埃斯泰夫

梅多克

波亚克

波亚克

上梅多克

波尔多丘–布莱丘

多尔多涅省

圣朱利安

布莱

乌尔坦–卡尔康湖

卡农–弗龙萨克

拉朗德–波美侯

波美侯

吕萨克–圣爱美隆

布尔丘

布尔

丽兹塔克–梅多克

蒙塔涅–圣埃美隆

慕丽丝

圣安德烈–德屈布扎克

伊勒河

圣乔治–圣埃美隆

玛歌

普瑟岗–圣埃美隆

弗朗克–波尔多丘隆

拉卡诺湖

加龙河

多尔多涅河

弗龙萨克

上梅多克

利布尔讷

利布尔讷

圣埃美隆

波尔多

圣埃美隆

卡斯蒂永–波尔多丘

梅里尼亚克

圣弗瓦–拉格朗德

佩萨克

贝格勒

卡斯蒂永–拉巴塔耶

克雷翁

圣弗瓦–波尔多

佩萨克–雷奥良

两海之间

波尔多首丘

雷奥良

索沃泰尔–德吉耶纳

阿卡雄湾

卡迪亚克波尔多丘

两海之间

格拉夫

卡迪亚克

阿卡雄

格拉夫超级格拉夫

卢皮亚克

塞龙

波尔多–圣马盖尔

两海之间–上伯诺日和波尔多–上伯诺日

巴萨克

苏玳

朗贡

圣克鲁瓦克斯–迪蒙

索泰尔讷

洛特–加龙省

0 5 10 千米

波尔多红葡萄酒

梅多克 & 格拉夫（左岸）

黑加仑、樱桃、薄荷、甘草

皮革、雪松、李子干、松露

上升期 2~6 年

成熟期 7~15 年

格拉夫土壤

优势葡萄品种：赤霞珠

补充葡萄品种：美乐、品丽珠、味儿多、马尔贝克

利布尔讷（右岸）

草莓、桑葚、紫罗兰、甘草

上升期 2~6 年

成熟期 7~15 年

灰钙土

优势葡萄品种：美乐

补充葡萄品种：赤霞珠、品丽珠、味儿多、马尔贝克

2016 年，波尔多建成了红酒城，这是世界上最大的葡萄酒文化园。在这里，我们不仅可以看到波尔多葡萄酒的历史，还可以看到世界各地葡萄种植园的历史——从智利到澳大利亚，新老葡萄种植园无一遗漏。

加斯科涅
雅文邑

罗马人的葡萄藤，阿拉伯人带来的蒸馏器，再加上凯尔特人的酒桶——法国最古老的烈酒便根植于当地的历史中。

雅文邑之都
欧兹

年产量
（单位：万升）
420

酒精度
40~50 度

标准瓶装
（700 毫升）价格
40 欧元

起源

在征服伊比利亚半岛和法国西南部的过程中，穆斯林带来了蒸馏器。他们用它来制作香水和药剂。直到 17 世纪，烈酒才从珍稀药品变成日常消费品。雅文邑是手工酿造的，产量很低。虽然人们承认它有高贵的血统，但不认为它是酒中精品。

> 雅文邑是手工酿造的，产量很低。

雅文邑使用的白葡萄品种是白福尔、鸽笼白、白玉霓和巴柯。现在其产区横跨法国三省：热尔、郎德和洛特–加龙。受大西洋和地中海的影响，这里气候温和。冬季，蒸馏是在阿马尼亚克式连续蒸馏器里进行的。

品鉴

和干邑一样，球形玻璃杯并不是最适合雅文邑的品酒杯，人们更喜欢用郁金香形酒杯来品尝雅文邑。不过，如果没有郁金香形杯，那就选一个束口玻璃杯吧。雅文邑需要氧气来醒酒，请在饮用前 20 分钟就上酒。其在杯子里的气息交换比葡萄酒微妙得多。如果加快醒酒，则有快速释放过多酒香的风险。雅文邑第一口要少喝，它将唤醒您的味觉，让您做好接下来品酒的准备。上升期的雅文邑十分适合混饮，而特酿陈年干邑和忘龄干邑更宜加冰单独饮用。醒酒后，杯中高贵的余香让人回味悠长。

> 特酿陈年干邑和忘龄干邑更宜加冰单独饮用。

> “一杯陈年雅文邑比一个老怪物招人待见。”
>
> ——马克·希尔曼，音乐家

几个历史瞬间

718—973 年
阿拉伯人占领了法国西南地区：证据是在该地区发现了蒸馏器。

12 世纪
出现最早的药用蒸馏痕迹。

1310 年
发现以葡萄酒为基酒的烈酒最早的文字记录。

1936 年
雅文邑以原产地命名。

洛特-加龙省
阿让
加龙河
拉瓦达克
内拉克
朗德省
梅赞
雅文邑-特纳勒兹
杜兹河
卡佐邦
蒙特利尔
孔东
莱克图尔
蒙德马桑
马尔桑新城
米杜河
欧兹
北
下雅文邑
巴伊斯河
诺加罗
维克-费藏萨克
阿杜尔河畔艾尔
艾尼昂
上雅文邑
阿杜尔河
欧什
马尔西亚克
米朗德
大西洋岸比利牛斯省
热尔省
上比利牛斯省
0 5 10 千米

雅文邑的一生

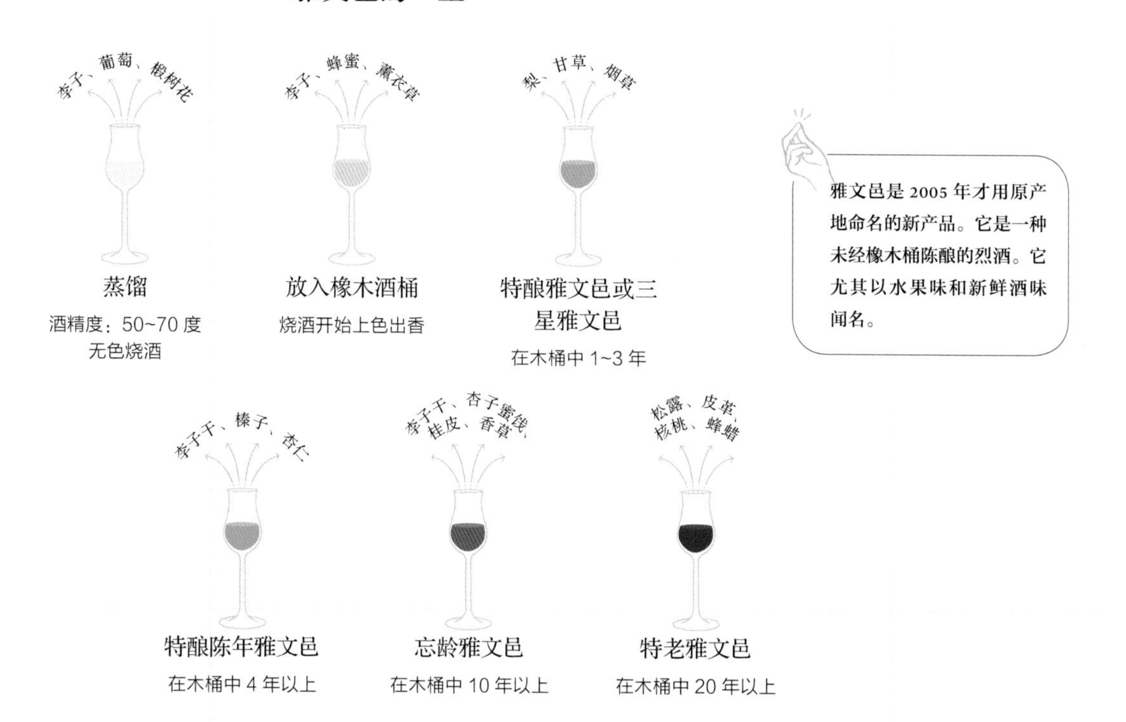
李子、葡萄、椴树花
蒸馏
酒精度：50~70 度
无色烧酒
李子、蜂蜜、薰衣草
放入橡木酒桶
烧酒开始上色出香
梨、甘草、烟草
特酿雅文邑或三星雅文邑
在木桶中 1~3 年
雅文邑是 2005 年才用原产地命名的新产品。它是一种未经橡木桶陈酿的烈酒。它尤其以水果味和新鲜酒味闻名。
李子干、榛子、杏仁
特酿陈年雅文邑
在木桶中 4 年以上
李子干、杏子蜜饯、桂皮、香草
忘龄雅文邑
在木桶中 10 年以上
松露、皮革、核桃、蜂蜡
特老雅文邑
在木桶中 20 年以上

阿尔卑斯地区
查尔特勒酒

查尔特勒修道院的僧侣克服重重困难，保留了查尔特勒酒的配方，使得这种含有 130 种植物的“绿色灵药”得以流传几个世纪。

查尔特勒酒之都
瓦龙

年产量
（单位：万升）
80

酒精度
43~55 度

标准瓶装
（700 毫升）价格
40 欧元

起源

一切起源于 1605 年巴黎沃韦尔修道院（卢森堡公园旧址），当时一位公爵把一张长生灵药的配方给了查尔特勒修道院的僧侣，配方上罗列了当时的绝大多数药草。配方由于复杂，有一段时间几乎无人问津，直到 1735 年在查尔特勒修道院总院重现于世。修道院的药剂师热罗姆–莫贝克修士拿到了配方，并按照配方提取了一种酒精度为 71 度的液体。这种液体随着时间推移逐渐凝练。1903 年，修士被驱逐出法国，但配方保存了下来。僧侣继续在西班牙塔拉戈纳制造“灵药”，配方后来又到了马赛，最终重回诞生之地查尔特勒。

时至今日，查尔特勒酒的秘方仍处于保密状态，仅有两名修士知道配方，并保守植物和花朵的秘密，这些植物和花朵使液体呈独特的绿色或黄色。草药的晾晒和混合仍然在修道院中进行，酿造则在昂特尔德吉耶尔进行，这是世界上唯一酿造查尔特勒酒的地方。

品鉴

查尔特勒酒不单指一种饮料，而是一系列饮料，这些饮料都用由核心配方构成的液体主体，即查尔特勒绿酒（也是消费最多的酒）配制。查尔特勒酒的传统饮用方法是“加冰法”，像饮用餐后酒那样加冰块。上升期查尔特勒酒用的原料都一样，但原料比例有所不同。它有着花草、蜂蜜和香料的芳香，比绿酒更柔和、更丝滑。2000 年伊始，查尔特勒酒在混饮界重新焕发青春，成为一种时髦的利口酒，被加在各种鸡尾酒中。

为什么院墙高耸，大门紧闭？查尔特勒修道院的僧侣在里面干什么？

——多姆·马赛兰，查尔特勒神父

几个历史瞬间

1084 年 → **1605 年** → **1764 年** → **19 世纪**

- 1084 年：查尔特勒修道院由圣布鲁诺在查尔特勒高地创立。
- 1605 年：查尔特勒修道院的僧侣收到了埃斯特雷公爵神秘的手写卷：上面有“长生灵药”的配方。
- 1764 年：查尔特勒酒呈现代人所熟知的绿色。
- 19 世纪：查尔特勒酒迅速商业化。

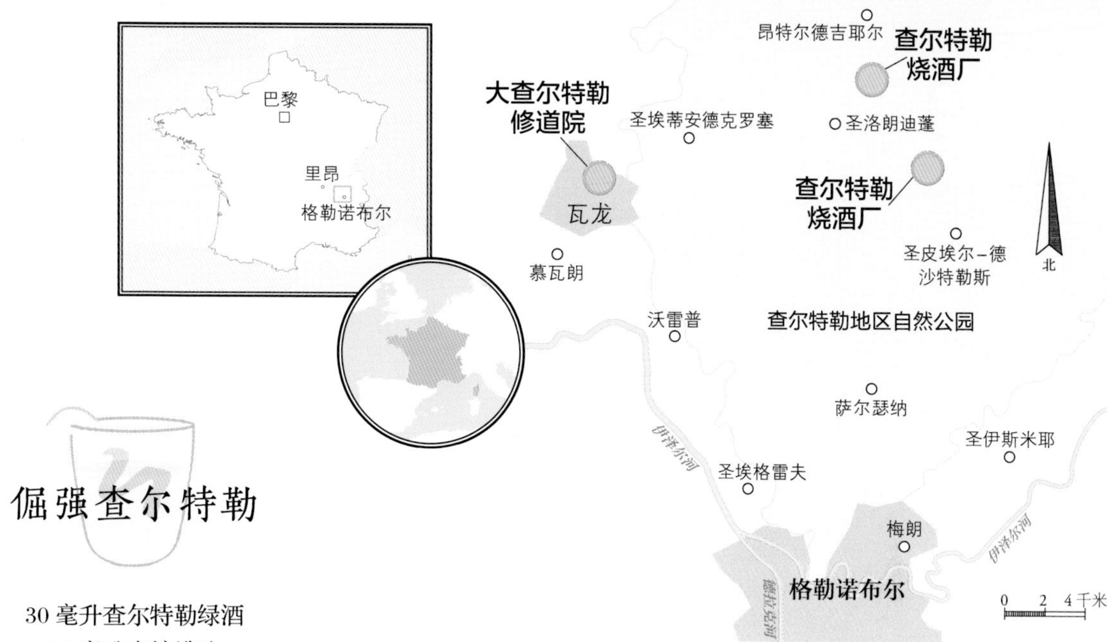

倔强查尔特勒

30 毫升查尔特勒绿酒
10 毫升青柠檬汁
100 毫升生姜啤酒（可用奎宁水代替）
2 个冰块

把 2 个冰块放进玻璃杯底部，往杯中挤出 10 毫升柠檬汁，加入查尔特勒绿酒和生姜啤酒，就可品尝！

单一的查尔特勒酒的颜色接近荧光绿，这种颜色来自构成利口酒的 130 种草药释放的叶绿素。

历史上的查尔特勒酒

在"泰坦尼克号"失事之夜，查尔特勒酒在头等舱菜单中。在菜单上的甜点部分，冰冻桃子伴随查尔特勒酒作为第一道菜。

查尔特勒绿酒
55 度，700 毫升
源自 130 种植物构成的利口酒，在橡木桶和酒瓶中陈化

查尔特勒黄酒（陈化）
42 度，1 升
陈化查尔特勒黄酒，陈酿格外久

灵药利口酒
56 度，1 升
根据 1605 年的配方酿造的利口酒

查尔特勒系列酒
"植物灵药"
69 度，100 毫升
滴几滴在糖块上，把糖块冲泡成水或放在酒里喝

查尔特勒绿酒（陈化）
54 度，1 升
陈化查尔特勒绿酒，陈酿格外久

查尔特勒黄酒
43 度，700 毫升
柔和甘醇的利口酒，有花、蜂蜜和香料的芳香

9 号百年利口酒
47 度，700 毫升
为纪念查尔特勒修道院创立（1084 年）900 年而酿造的一款酒

普罗旺斯
桃红葡萄酒

谈到法国南部，普罗旺斯桃红葡萄酒是典型的夏日葡萄酒——法国最古老的葡萄园孕育的新鲜又略酸的乐趣所在。

普罗旺斯桃红葡萄酒之都

莱萨尔克
（瓦尔）

年产量
（单位：万升）

13 000

酒精度

12.5~14 度

标准瓶装
（750毫升）价格

8 欧元

起源

公元前600年，腓尼基人建立马萨利亚城邦（今马赛）以后，第一次把葡萄树带到了普罗旺斯，把它种植在城市周边，并开始酿造葡萄酒。因此我们可以认为普罗旺斯的葡萄园是法国最古老的葡萄园。

在现代历史上，普罗旺斯桃红葡萄酒的成功是随着20世纪法国南部旅游业的发展而来的：到当地度假的人对它的清新口感赞赏不已。葡萄酒酿造者经过一段时间只重数量不求质量的无限制生产以后，开始追求葡萄酒的品质，决定团结起来，规范葡萄酒的生产方式。毕竟他们对风土和高质量的葡萄酒生产更感兴趣，这种合作使葡萄园受益更多，也使1977年普罗旺斯海岸的原产地命名制度得以确立，并把普罗旺斯桃红葡萄酒带到了国际舞台。普罗旺斯桃红葡萄酒占法国桃红葡萄酒产量的42%，占世界桃红葡萄酒产量的6%。普罗旺斯的葡萄园给桃红葡萄酒的生产贡献了89%的原材料。

品鉴

普罗旺斯桃红葡萄酒品种丰富，质量上乘。葡萄树沐浴着炎热干燥的气候并吹拂着密史脱拉风，葡萄树下是贫瘠却疏水性良好、长满林下灌丛的石灰质土壤。这种土地非常适合葡萄树的生长，为桃红葡萄酒带来略酸和清凉的口感。桃红葡萄酒长期给人以“粗制”葡萄酒的印象，其实只要你认真去找（避开“桃红柚子水”的陷阱），就可以找到充满夏日韵味、果香浓郁的佳酿。这是一款一喝就快乐的葡萄酒，一款分享快乐的葡萄酒，一款自由不羁的葡萄酒！

美国人特别喜欢普罗旺斯桃红葡萄酒，瓶装桃红葡萄酒中有一半出口到美国。

几个历史瞬间

公元前600年 → 腓尼基人建立了马萨利亚城邦（今马赛），并首次将葡萄种植技术引入该地。

1880年 → 普罗旺斯的葡萄园遭遇根瘤蚜灾害。

20世纪 → 普罗旺斯的葡萄酒酿造者团结起来合作生产优质葡萄酒。

1977年 → 普罗旺斯第一次创立自己的原产地命名标准：普罗旺斯酒庄分级制度。

普罗旺斯桃红葡萄酒香型

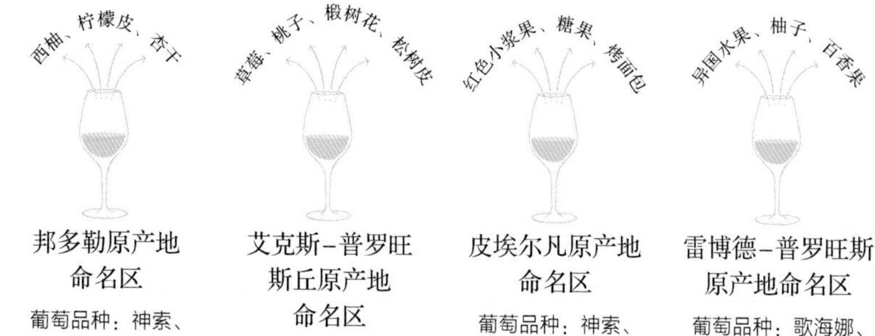

邦多勒原产地命名区
葡萄品种：神索、歌海娜、慕合怀特

艾克斯-普罗旺斯丘原产地命名区
葡萄品种：神索、歌海娜、西拉

皮埃尔凡原产地命名区
葡萄品种：神索、歌海娜、西拉

雷博德-普罗旺斯原产地命名区
葡萄品种：歌海娜、西拉、慕合怀特

普罗旺斯桃红葡萄酒的色泽

桃红葡萄酒的颜色主要取决于用葡萄汁浸泡葡萄皮的时间，也与葡萄品种相关。

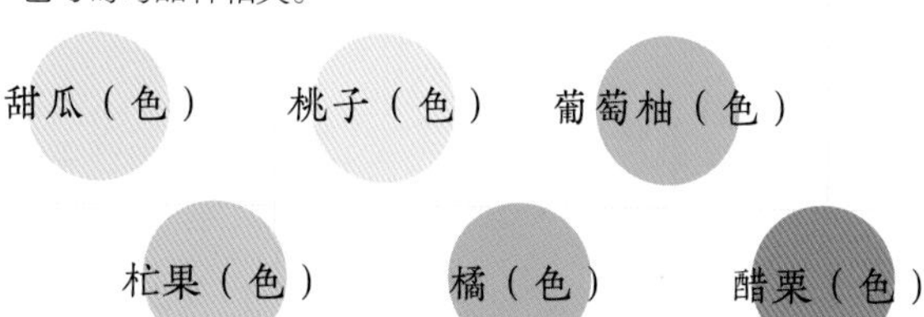

密史脱拉风——普罗旺斯地区猛烈且特别干燥的风，能保护葡萄树免受由潮湿引发的病害。同时，它可以净化葡萄园，并让葡萄园焕然一新。

利口酒

31

第三十一杯酒

马赛 茴香酒

茴香酒、小黄酒、巴斯达嘎酒——这款法国南部的标志性开胃酒可不缺绰号，它是夏日晚上聚会的理想伴侣，在当地人人都喝它。快打开你的折叠椅吧！

茴香酒之都
马赛

年产量
（单位：万升）
13 500

酒精度
40~45度

标准瓶装
（700 毫升）价格
15欧元

起源

茴香酒的历史与苦艾酒的历史紧密相连，苦艾酒可算作茴香酒的“前辈”或者“大姐姐”。苦艾酒是20世纪初法国南部流传最广的开胃酒，人们兑凉水以后饮用。但苦艾酒的大量消费很快引发了广泛的抗议潮，而且苦艾酒被视为酒精中毒的罪魁祸首。1914年，法国政府禁止生产和销售任何超过16度的酒，人们便寻找这种饮料的替代品。19世纪20年代末，保罗·里卡尔推广茴香酒。这是一种高明的配方，不仅将茴香、甘草作为浸泡材料，还把球茎茴香和其他地中海植物浸泡在中性酒精中。马赛茴香酒的成功是毋庸置疑的，它赢得了整个法国的认可，成为法国人消费最多的开胃酒之一。

保罗·里卡尔推广茴香酒。

品鉴

作为法国南部文化及生活艺术的象征，茴香酒是经典的夏季开胃酒，让人联想到热情、假期、露台。在玻璃杯里倒上一份茴香酒（20毫升），五份凉水（100毫升），加点儿冰块，就着橄榄和沙丁鱼喝两口极佳。现在有数十个品牌的茴香酒，它们的区别是原料的比例不同。一些茴香酒手工生产者除了使用茴香、甘草，还往里面加了许多芳香植物。

茴香酒是法国南部文化及生活艺术的象征。

啊，在地中海泡过海水浴以后，谁不喝茴香酒，就不懂什么叫早上去地中海泡海水浴。

——玛格丽特·杜拉斯《直布罗陀水手》

几个历史瞬间

1932年 在茴香开胃酒标签上第一次出现“茴香酒”。

1936年 带薪休假期间喝茴香酒，流行起来。

1939—1945年 酒精度超过16度的酒再次被禁。

1951年 茴香酒复苏。

地中海地区茴香酒的“远亲”

给茴香酒增香的五种方法

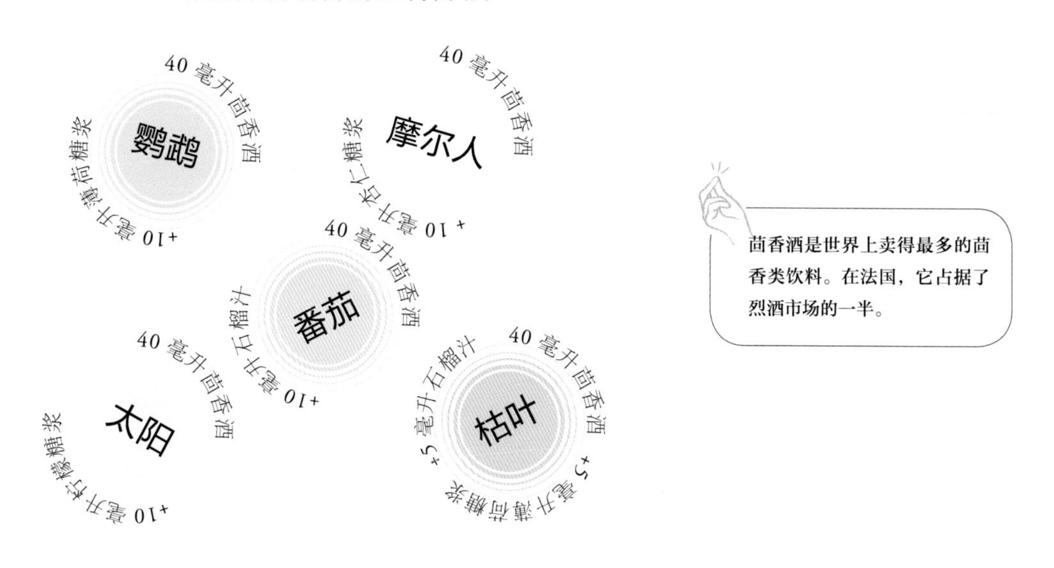

茴香酒是世界上卖得最多的茴香类饮料。在法国，它占据了烈酒市场的一半。

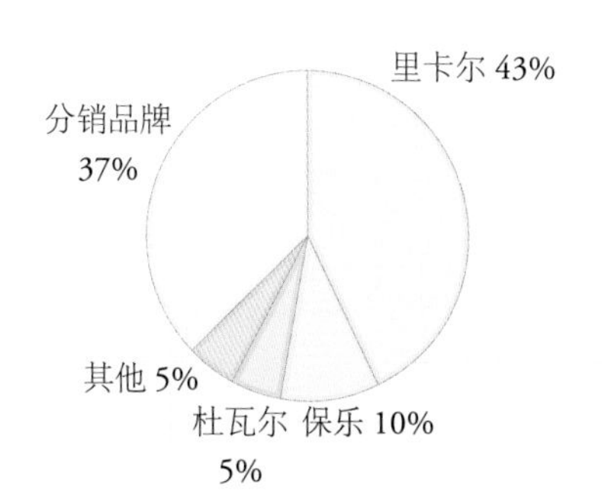

保乐和里卡尔的茴香酒大战

在苦艾酒被禁之前，保乐公司占领了苦艾酒市场的统治地位。在保罗·里卡尔和他的茴香酒获得成功以后，保乐公司还没有在新潮的茴香酒市场上恢复其领先地位。1939 年，保乐公司先后推出了保乐 45（意指酒精度为 45 度）和保乐 51（意指这款酒创造于 1951 年），并重新回到了支配地位。商业战争一度横亘在两家公司之间，1974 年两家公司合并，成立了保乐力加集团。该集团被称为“茴香酒帝国”，几乎统治了整个茴香酒市场。

罗讷河谷
葡萄酒

连接着法国北部和南部，罗讷河穿过富饶多样的葡萄酒之路，朝地中海流去。

罗讷河谷葡萄酒之都
阿维尼翁

年产量
（单位：万升）
30 000

酒精度
12.5~14 度

标准瓶装
（750毫升）价格
15 欧元

起源

作为中央高原和阿尔卑斯山脉之间的自然分界线，罗讷河谷自古以来就是特权和战略轴心。它顺畅且便利的通道为欧洲偏北地区打开了地中海的出海通道。在普罗旺斯地区的葡萄园发展起来不久，罗马人就把葡萄树种在了罗讷河谷两边的山坡上，并不断向北推广种植。葡萄园从维埃纳到阿尔勒绵延250多千米，我们通常把它分成两个大区：北罗讷河区和南罗讷河区。前者汇聚了陡峭山坡上一片片小块的土地。它们被冠以一些有名的法语名字，例如埃米塔日、孔得里约、罗第丘。人们在此主要种植维欧尼、西拉。过了蒙特利马尔镇，法国南部就在你面前了，这里是地中海气候，干燥，多风。从卡马尔格到吕贝隆，从阿尔代什到德龙，葡萄品种和土地类型都更加多样化。瑚珊、歌海娜、玛珊、慕尔怀特、佳丽酿等葡萄品种应有尽有。迪瓦产区的葡萄园也出产冒泡的克莱雷起泡酒。

葡萄园从维埃纳到阿尔勒绵延250多千米。

品鉴

北罗讷河区出产的葡萄酒强劲有力，有细腻的单宁颜色，几乎都很醇厚。格里叶堡的白葡萄酒既甜美又丰富、细腻，可以储存很长时间。在南罗讷河区，葡萄酒数不胜数。教皇新堡红葡萄酒强劲、丝滑又丰富（官方宣称的就有十三种），塔威勒桃红葡萄酒有着漂亮的淡红色酒体和强烈的特殊芬芳。

简言之，罗讷河谷产区的葡萄酒独树一帜，储存时间长，酒味醇厚，果香浓郁，种类尤其繁多。

> “罗讷河谷充满了魅力，它的每一块高地都有自己的故事。”
>
> ——皮埃尔·利吉耶，作家

几个历史瞬间

1 世纪 → **14** 世纪 → **1680** 年 → **1933** 年

- **1世纪**：罗讷河谷出现了葡萄种植。
- **14世纪**：受教廷和教皇定居阿维尼翁的影响，当地葡萄园发展迅速。
- **1680年**：法国南方运河的开通使法国南部的葡萄酒行销巴黎。
- **1933年**：教皇新堡是法国最早的原产地命名地区之一。

维埃纳
罗第丘
格里叶堡
孔得里约
圣约瑟夫
罗讷河谷丘
埃米塔日
克罗兹-埃米塔日
伊泽尔河
科尔纳斯
圣佩莱
瓦朗斯
罗讷河谷丘
迪瓦
北罗讷河谷
克雷斯特
迪镇克莱雷
迪丘
沙第永昂迪瓦
蒙特利马尔
格里尼昂雷阿德马尔
维瓦莱丘
罗讷河谷村庄丘陵
格里尼昂雷阿德马尔
罗讷河谷村庄丘陵
艾格河
乌韦兹河
万索布尔
拉斯多
吉恭达斯
瓦凯拉
博姆-德沃尼斯
罗讷河谷村庄丘陵
奥朗日
罗讷河谷丘
利哈克
教皇新堡
卡庞特拉
塔维勒
旺图
于泽斯公园
罗讷河谷村庄丘陵
阿维尼翁
尼姆
卡瓦永
贝勒加德-克莱雷特
吕贝隆
迪朗斯河
尼姆科斯迪耶
阿尔勒
南罗讷河谷
罗讷河
地中海
北
0 10 20 千米

1446年，由于担心勃艮第葡萄酒失去巴黎公众的青睐并被取代，勃艮第公爵禁止人们在他的领地喝罗讷河谷葡萄酒。葡萄酒集团的后起之秀已经出现！

本地区五种以原产地命名产品

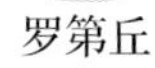
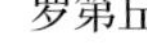

罗第丘
黑加仑、紫罗兰、胡椒、皮革
北罗讷河区
葡萄品种：西拉

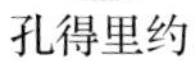

孔得里约
白桃、槐花、杧果、杏
北罗讷河区
葡萄品种：维欧尼

教皇新堡
黑加仑、月桂叶、李子干、松露
南罗讷河区
葡萄品种：歌海娜、慕尔怀特、西拉、神索等9种官方认定葡萄品种

塔维勒桃红葡萄酒
草莓、覆盆子、杏仁、甘草
南罗讷河区
葡萄品种：歌海娜、慕尔怀特、西拉、神索

迪镇克莱雷起泡酒
槐花、橘花、桃子、杏子
南罗讷河区
葡萄品种：麝香、克莱雷

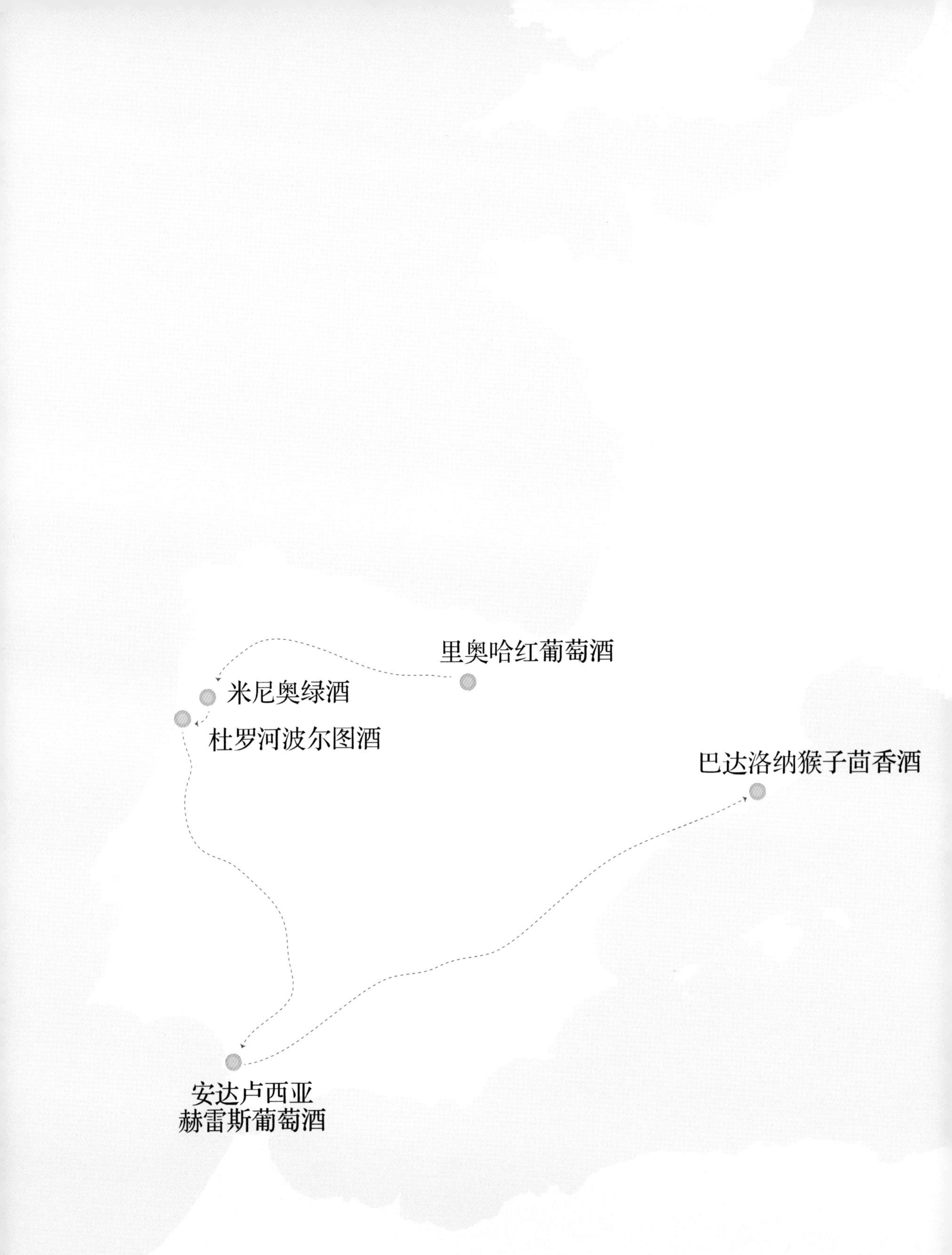

里奥哈红葡萄酒
米尼奥绿酒
杜罗河波尔图酒
巴达洛纳猴子茴香酒
安达卢西亚
赫雷斯葡萄酒

伊比利亚半岛

伊比利亚半岛盛产葡萄酒，西班牙和葡萄牙各地区都有各种不同形式的葡萄酒。西班牙有世界上面积最大的葡萄园，而葡萄牙的葡萄园面积位列世界第十一。伊比利亚半岛是商业通道，是伟大的探险家的出发地。探险家很快把美酒和葡萄树带到世界各地，殖民者在所经之地一路栽种葡萄树。

里奥哈
红葡萄酒

里奥哈葡萄园是西班牙最负盛名的葡萄园，其出产的红葡萄酒强劲有力、口感丰富，葡萄园沿着埃布罗河延伸，海洋气候和地中海气候在此交会。

里奥哈红葡萄酒之都
洛格罗尼奥

年产量
（单位：万升）
2 900

酒精度
13~14.5 度

标准瓶装
（750 毫升）价格
10 欧元

起源

里奥哈葡萄园是西班牙最具标志性、最著名的葡萄园之一，主要分布在与其同名的里奥哈省。该地葡萄酒的生产可以追溯到 12 世纪摩尔人从西班牙北方撤退的时期，葡萄园品质的发展则与波尔多的根瘤蚜灾害事件有关。波尔多的根瘤蚜灾害迫使一部分葡萄园向南迁徙，因此里奥哈推行了波尔多独有的酿酒技法，例如混酿、橡木桶养酒等。丹魄是当地原生葡萄品种，占该地区葡萄的 70%，是最主要的葡萄品种。它与格拉西亚诺或歌海娜混在一起时，就能酿出葡萄园的经典红葡萄酒：一种层次分明、单宁浓郁、带有红色水果香气的葡萄酒。

> 里奥哈推行了波尔多独有的酿酒技法。

葡萄园分为三个产区：西部是里奥哈阿拉瓦和上里奥哈，主要气候是海洋性气候；东部是下里奥哈，主要受地中海气候影响。里奥哈既有平原又有高地。平原产的葡萄经常用来酿造即饮型简单葡萄酒，而高地产的葡萄用来酿造可储存的复合型葡萄酒。

品鉴

典型的里奥哈红葡萄酒酒体强劲、厚重且结构分明，呈红宝石色，带有浓郁的紫红樱桃香气。“典藏”里奥哈红葡萄酒经 3 年陈化，其中 1 年在橡木桶中，由此产生烟草和皮革的香气。在餐桌上，里奥哈经典红葡萄酒与熏制红肉、白肉和罐装鹅肝酱搭配。

> “丹魄是一个神奇的葡萄品种，撑起了我们的葡萄酒。”
>
> ——玛丽亚·瓦尔卡，里奥哈红葡萄酒酒庄的技术经理

几个历史瞬间

12 世纪 → **1900 年** → **1970 年** → **1990 年**

12 世纪：里奥哈地区开始酿造葡萄酒。

1900 年：随着波尔多葡萄酒酿造者的到来，里奥哈葡萄园的葡萄酒酿造质量有了提高。

1970 年：葡萄园产生质量危机。

1990 年：里奥哈葡萄园重组，并获得优质法定产区酒（相当于法国的原产地命名）认证。

里奥哈葡萄酒的香型

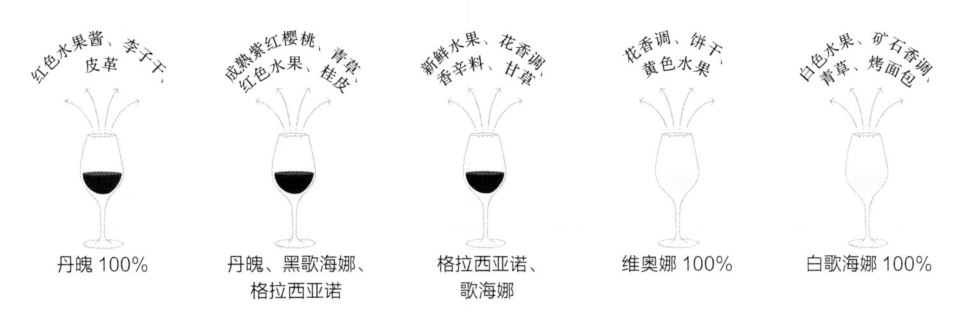

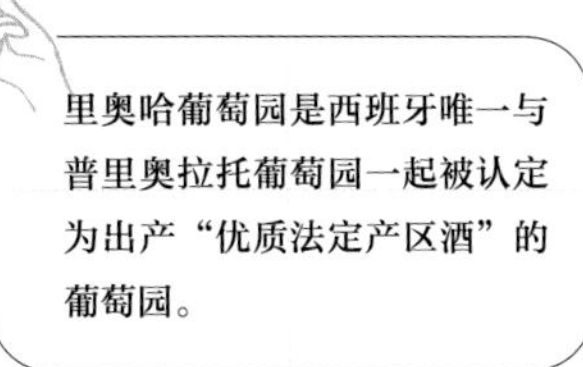

里奥哈葡萄园是西班牙唯一与普里奥拉托葡萄园一起被认定为出产“优质法定产区酒”的葡萄园。

米尼奥
绿酒

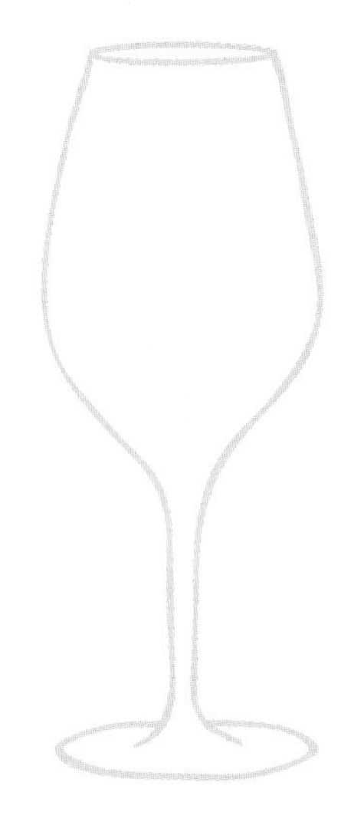

这是一款年轻、活泼、富有表现力的葡萄酒，完美表达了葡萄树正沿着大西洋海岸边的这片草木繁盛的森林生长。

绿酒之都
布拉加

年产量
（单位：万升）
6 500

酒精度
8.5~14度

标准瓶装
（750毫升）价格
10欧元

起源

绿酒出产于葡萄牙最北部的米尼奥河和杜罗河之间，是一种原生态葡萄酒，用采摘期较早的葡萄，而非成熟的葡萄。米尼奥葡萄酒产区的特点是地形不规则，海洋性气候下昼夜温差不大，有着丰沛的降水和花岗岩土质。因此该地很适合出产年轻、活泼、表现力强的白葡萄酒。

米尼奥的葡萄树向来要种得高一些，高处有更大的空间，也可以为其他作物留出空间，因此人们可以在路边、田野边看到葡萄树。采摘葡萄的时候，一般要用梯子把离地2~3米高的葡萄摘下来。现在，葡萄酒酿造者组织起来，进行机械化生产，严格划定了绿酒的九个子产区，它们都是从蒙桑到杜罗河谷的顶级葡萄园。他们用各种各样的葡萄酿造葡萄酒，这些葡萄大多是当地的，以便保持酒的本地特色。在最流行的葡萄品种中，阿尔巴利诺、阿瑞图、洛雷罗都是白葡萄品种。

品鉴

尽管米尼奥绿酒可能是红葡萄酒或桃红葡萄酒中的一种，但它的名头是白葡萄酒（90%的产品都如此）。这是一种轻盈、爽口、活泼、带有自然酸味以及柔和的水果香气和花香的葡萄酒。该酒呈现出葡萄酒的另一种特点：具有微微的刺激性，这种刺激性是由葡萄和在酿造过程中保留下来的二氧化碳激发的。米尼奥绿酒的酒精度低，在夏季特别受欢迎，可作为开胃酒凉饮，或者搭配海鲜和油炸小食。绿酒在装瓶后1年内饮用。

这是一种轻盈爽口、入口活泼的葡萄酒。

> “绿酒是最特别的葡萄酒。它奇怪，原生态，爽口，有营养，怎么喝都不醉人。”
>
> ——安东尼奥·奥古斯都·德·阿吉亚尔，化学教授

几个历史瞬间

1549年 首次使用“绿酒”这一名称。

1929年 划定了绿酒的九个子产区。

1984年 绿酒成为葡萄牙优质法定产区酒。

蒙桑

帕雷德什–德科拉

西班牙

北

利马

蓬蒂–德利马

维亚纳堡

阿福

卡尔瓦多

布拉加

里贝拉–德佩纳

吉马朗伊什

巴什图

孔迪镇

阿马罗特

苏萨

大西洋

波尔图

派瓦

杜罗河

白亚罗

派瓦

0 5 10 千米

绿酒葡萄园有 6 000 名葡萄酒酿造者。

绿酒的香型

白色绿酒

酿造绿酒的主要葡萄品种

阿扎尔

柠檬水的酸味

阿瑞图

多汁甜瓜和柑橘的香味

阿维苏

柚子和桃子的香气，青杏仁的苦味

塔佳迪拉

梨子和橘花香

阿尔巴利诺

柚子香和花香

洛雷罗

与雷司令接近

杜罗河
波尔图酒

杜罗河宛如延伸的叶脉穿过葡萄牙北部。波尔图甜酒也在此流传了好几个世纪。

波尔图酒之都
加亚新城

年产量
（单位：万升）
6 100

酒精度
20 度

标准瓶装
（1升）价格
30 欧元

起源

波尔图酒属于强化葡萄酒，葡萄汁在发酵过程中，需加入以葡萄酒为基酒炼制的77度烧酒（通常是白兰地）。烧酒会阻止葡萄汁发酵进程，保留尚未转化为酒精的糖分，使葡萄酒更具陈化能力。对于英国人这一群精致的美食家和永恒的旅行者来说，这可是有用的发明——在航海贸易时代，这项发明使酒桶在前往伦敦的路上不会变成“醋桶”。

波尔图酒的生产场地受杜罗河谷的制约，葡萄园建在杜罗河两岸陡峭的山坡上，机械化采摘和转运较为困难。每年，杜罗河红葡萄酒及波尔图酒研究所决定波尔图葡萄酒的总产量，这个数据是根据销售和库存数量得出的：销量增长得越多，获准参与的生产者越多，反之亦然。这个体系能在保证葡萄酒质量的前提下调节生产活动。

品鉴

波尔图酒有两个系列：橡木桶里养熟的氧化酒和在瓶子里养熟的还原酒。氧化的波尔图酒开瓶后24小时内要喝完，还原的波尔图酒则可以在开瓶以后保存1个月。波尔图酒的饮用温度不用太低，微凉（12℃）即可。根据制造年份和陈酿时间的长短，波尔图酒有四种主要风格和一种变化无常的变体酒。茶色波尔图酒是所有风格中最有趣的，香味类型多且迷人，是蓝纹奶酪（如洛克福奶酪、奥弗涅蓝纹奶酪……）的绝佳伴侣。

> 茶色波尔图酒是所有风格中最有趣的。

> “波尔图酒吗？那可是糖裹着的火！”
>
> ——法布里斯·索米耶，酒务总管

几个历史瞬间

1386年 → **1756年** → **1950年**

1386年：英国和葡萄牙签订了一项商业条约。

1756年：波尔图酒成为世界上第一款获得原产地标志的葡萄酒。

1950年：土地的定性分级是根据土壤、气候和种植条件进行评分。

英国人和苏格兰人创立了很多大品牌，这足以解释这些标签上的英国腔调：泰勒家、格兰姆家、科伯恩。

四种不同风格的波尔图酒

茶色波尔图酒

组合红葡萄品种
橡木桶陈化 5 年
酒体呈深橘色

红宝石波尔图酒

组合红葡萄品种
瓶装陈化 2 年
酒体呈深红色

玫红波尔图酒

组合红葡萄品种
无须养熟
酒体呈玫红色

白波尔图酒

组合白葡萄品种
酒体呈浅橘色

安达卢西亚
赫雷斯葡萄酒

安达卢西亚的葡萄园一年中有 300 天是阳光普照，出产充满糖分和善意的葡萄。

赫雷斯葡萄酒之都

赫雷斯–德拉弗龙特拉

年产量（单位：万升）

1 500

酒精度

15~21 度

标准瓶装（750 毫升）价格

30 欧元

起源

这是用白兰地强化白葡萄酒的故事。法国和西班牙称之为赫雷斯，英国叫它雪利酒。赫雷斯葡萄酒的特色在于养熟技术。这是一种“蒙面酒”：空气在橡木桶内自由交换，在酒的表面逐渐形成一层酵母。这一层被称为“开花”，它使葡萄酒慢慢氧化，产生不可替代的榛子味。葡萄酒和氧气的故事就是漫长的爱情故事或无聊故事！凡事都讲求比例。酿酒者只有控制好葡萄酒的氧化过程，才能得到想要的结果。酿酒的葡萄可以来自任何产区，但关键是养熟工序必须在赫雷斯–德拉弗龙特拉、桑卢卡尔–德巴拉梅达和圣玛利亚港三座城市所构成的三角区域内完成。

> 赫雷斯葡萄酒的特色在于养熟技术。

品鉴

赫雷斯葡萄酒有两个系列：菲诺（自然养熟）和欧洛罗索（氧化养熟）。根据生产场地和养熟时间，赫雷斯葡萄酒的称呼会随之发生相应的变化。菲诺更干、更紧致，而欧洛罗索更丰富、更好喝。

菲诺很适合搭配鱼或作为开胃酒。欧洛罗索和味道更重的菜肴，如酱汁肉或蓝纹奶酪则是经典搭配。

> “如果我有一千个儿子，我要反复教给他们的首要原则就是避开那些无力的饮料，一心沉醉于赫雷斯葡萄酒就好。”
>
> ——莎士比亚，英国戏剧家

几个历史瞬间

公元前 **1100 年** → **14 世纪** → **1933 年**

- 公元前 1100 年：腓尼基人在该地区发展葡萄种植。
- 14 世纪：第一款赫雷斯葡萄酒出口到英国。
- 1933 年：西班牙最早以“赫雷斯”命名该酒。

瓜达尔基维尔河
莱夫里哈
特雷布耶纳
北
桑卢卡尔-德巴拉梅达
赫雷斯
赫雷斯-德拉弗龙特拉
赫雷斯金三角
加的斯湾
圣玛利亚港
瓜达莱特河
加的斯
雷亚尔港
奇克拉纳-德拉弗龙特拉
大 西 洋
0 3 6 千米

赫雷斯葡萄酒的两个系列

菲诺

葡萄品种：100% 帕诺米诺菲诺
大量开花：自然养熟
酒精度：15~17 度
饮用温度：7~9℃

欧洛罗索

葡萄品种：100% 帕诺米诺菲诺
轻度开花：氧化养熟
酒精度：17~22 度
饮用温度：13~15℃

巴达洛纳
猴子茴香酒

法国有马赛茴香酒，西班牙有巴达洛纳猴子茴香酒，而后者在当地乃至整个拉丁美洲都十分流行。

巴达洛纳茴香酒之都
巴达洛纳

年产量
（单位：万升）
500

酒精度
35~40度

标准瓶装
（700毫升）价格
10欧元

起源

19世纪是蒸馏厂的繁荣期，许多厂主趁着这股风潮开始生产酒。其中，就有比森特·博施及其兄弟约瑟夫·博施，1870年他们于加泰罗尼亚地区巴达洛纳的海滨大道上创办了一家蒸馏厂，并在那里生产西班牙最著名的茴香利口酒。它的名望和在市场上的支配地位很大程度上有赖于比森特在营销方面的天赋：他在广告上用了前所未有的手段并发起海报战，受旺多姆广场的香水瓶启发，他在瓶子的图案上装饰凸起的水晶。

巴达洛纳茴香酒的字面意思是“猴子茴香酒”。利口酒叫这个名字显得相当奇怪，但我们至少可以这样解释：比森特·博施是一位激进的商人，想借达尔文那极具争议的物种进化理论营销一波，他用了一张画有长着猴子脑袋（讽刺漫画式）的科学家的图片。猴子手上拿着一张纸，上面写着：“科学说这是最好的，我没有撒谎。”

品鉴

巴达洛纳茴香酒主要用绿茴香，还用到八角茴香和球茎茴香。巴达洛纳茴香酒用从种子中提炼的精油作为基础成分，再加入蔗糖、软化水和中性酒精，轻轻摇晃混合，过滤后装瓶。这种利口酒有两个版本：赛科和杜尔斯。前者为40度，甘冽爽口；后者为35度，更柔和芳香，这与最初不同的蒸馏物质有关。

巴达洛纳茴香酒是优质助消化利口酒，但它传统饮用方式是“帕洛米塔”：冰水加茴香利口酒。

> “我的茴香酒质量高，不是外面闻着香，而是内里散发着香。”
>
> ——比森特·博施，巴达洛纳茴香酒厂创办人

几个历史瞬间

1870年 → **1975年** → **2012年**

1870年：博施兄弟在巴达洛纳创办猴子茴香酒厂。

1975年：酒厂被奥斯本集团收购。

2012年：一座致敬猴子茴香酒的雕塑在巴达洛纳海滨大道上落成，雕塑是一只猴子和酒瓶。

巴达洛纳茴香酒·日出

50 毫升巴达洛纳杜尔斯
200 毫升鲜榨橙汁
石榴汁
橙花水
冰块

把冰块放进直身玻璃杯中，浇入巴达洛纳茴香酒，加入橙汁，倒些石榴汁，浇上橙花水，用薄苹果片装饰。

毕加索是西班牙茴香利口酒的超级粉丝，1909 年和 1916 年他两次画茴香酒瓶子。萨尔瓦多·达利和胡安·格里斯也从这散发芳香气息的酒里汲取灵感。

绿茴香

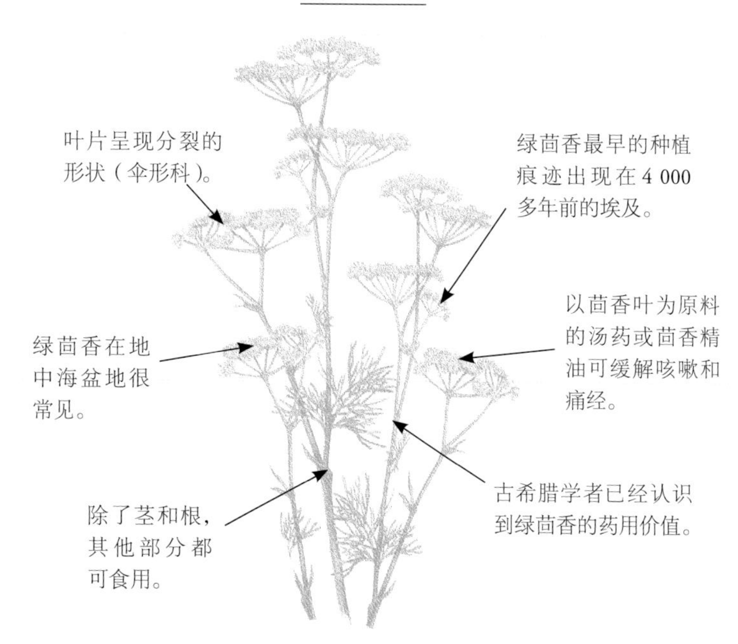

意大利

被地中海包围的意大利，有着富饶的土地，受到各种文化的影响。古代，罗马人将葡萄树种遍欧洲，以表达对故土的思念之情。从托斯卡纳的葡萄到那不勒斯海湾的柠檬，水果酒居于意大利美食的中心位置。

意大利渣酿
白兰地

米兰金巴利

普罗塞克葡萄酒

皮埃蒙特葡萄酒

萨龙诺阿玛雷托

都灵味美思

托斯卡纳葡萄酒

意大利珊布卡

意大利阿马罗酒

坎帕尼亚柠檬酒

托斯卡纳
葡萄酒

在风景优美的乡村和橄榄园之间，葡萄种植者的土地像一幅镶嵌画。

托斯卡纳葡萄酒之都
佛罗伦萨

年产量
（单位：万升）
16 000

酒精度
14度

标准瓶装
（750毫升）价格
30欧元

起源

中世纪，位于佛罗伦萨附近的村庄盖奥尔、卡斯特利纳和拉达，决定组成“基安蒂联盟”，以避免过量生产葡萄酒与不必要的竞争，这就是葡萄酒工会的前身。20世纪70年代，葡萄园遭遇危机。

于是一些酿酒者决定种植波尔多葡萄，如赤霞珠、美乐，他们不能称这种酒为“基安蒂”葡萄酒。基安蒂葡萄酒所用白葡萄品种是桑娇维塞——这种葡萄酒的质量无可指摘。它被盎格鲁-撒克逊人的报纸称为“超级托斯卡纳”，代表了葡萄酒多样性的复兴。

“超级托斯卡纳”代表了葡萄酒多样性的复兴。

品鉴

欢迎来到桑娇维塞的土地！这个以细腻见长的强大的葡萄品种生长在海拔300~600米的地方，一旦海拔低于这个高度，桑娇维塞可能会因为高温而堆积过多酒精。

托斯卡纳之于意大利葡萄酒好比波尔多之于法国葡萄酒。托斯卡纳是一个传统产区，支撑着意大利国民生产总值的很大一部分，是一个享誉世界的名字。但它的葡萄酒到底是难忘的葡萄酒，还是该被遗忘的葡萄酒？不要把基安蒂葡萄酒和基安蒂经典葡萄酒混为一谈。前者通常是来自工业化生产的葡萄酒，而后者的要求更高，分布更集中。几年来，蒙塔希诺布鲁奈罗已经成为被人们惦记得最多的托斯卡纳葡萄酒了。

> “哪个人听到‘托斯卡纳’这个词不心跳如雷？甚至连这个词的音节都自带温柔而骄傲的声调。”
>
> ——马塞尔·布里翁，法国作家

几个历史瞬间

公元前800年 → 伊特鲁里亚人在该地区种植葡萄树。

公元前400年 → 罗马人占有了托斯卡纳地区。

1716年 → 基安蒂是第一个得到认证的法定葡萄酒产区。

1970年 葡萄酒酿造者引进了法国葡萄品种，超级托斯卡纳葡萄酒由此诞生。

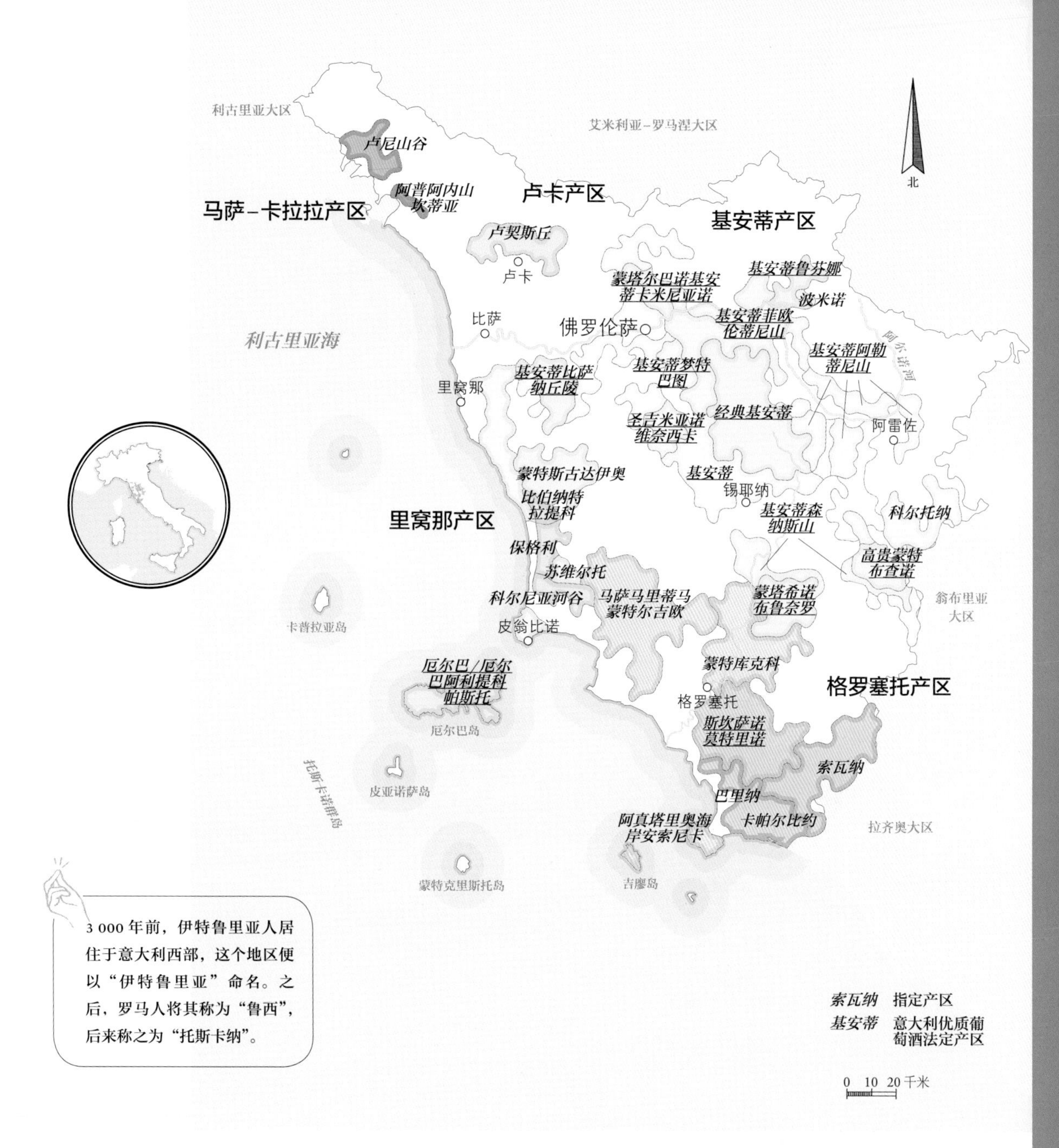

3 000 年前，伊特鲁里亚人居住于意大利西部，这个地区便以“伊特鲁里亚”命名。之后，罗马人将其称为“鲁西”，后来称之为“托斯卡纳”。

不可错过的三款托斯卡纳法定产区酒

优秀产区葡萄酒之
高贵蒙特布查诺
70% 以上桑娇维塞葡萄

优秀产区葡萄酒之
经典基安蒂
80% 以上桑娇维塞葡萄

优秀产区葡萄酒之
蒙塔希诺布鲁奈罗
100% 桑娇维塞葡萄

皮埃蒙特
葡萄酒

皮埃蒙特是久负盛名的“内比奥罗葡萄之乡”，这一古老的葡萄品种是意大利葡萄酒中的明珠，稀有又令人垂涎。

皮埃蒙特葡萄酒之都
阿尔巴

年产量
（单位：万升）
800

酒精度
14度

标准瓶装
（750毫升）价格
40欧元

起源

从罗马到加来的路网，是葡萄酒朝圣者的“法兰西大道”。当地的葡萄种植不断发展，满足了朝圣者的渴望。内比奥罗是当地古老的葡萄品种，它的名字源自丰收时节覆盖在皮埃蒙特山丘的薄“雾”。阿尔卑斯山脉的凉爽和地中海的温暖为皮埃蒙特提供了出产优质葡萄酒的理想风土条件，但该地区的表现并非一如既往地卓越。很长一段时间，皮埃蒙特的葡萄都是论斤销售，直到20世纪80年代该地才真正意识到小产量的价值。皮埃蒙特的葡萄酿造者从勃艮第的产量限制和托斯卡纳的商业精神中受到启发，把自己的葡萄产区定位为葡萄生产精选基地。

它有出产优质葡萄酒的理想风土条件。

品鉴

皮埃蒙特主要有三大葡萄品种：巴贝拉、多姿桃、内比奥罗。因为Nebiollo（内比奥罗）的拼写方式与意大利语“nobile”（贵族）近似，因此该品种被看作天生带有贵族头衔，很难种植，但一旦种植成功就会特别出色。人们不常说“强者恒强”吗？这种葡萄反映了生长之地的精神。在此地，内比奥罗呼吸着压力与动力，用它酿造的葡萄酒在上升期表现得粗犷硬朗，但随着时间流逝，它的结构变得更柔和优雅。最好的内比奥罗的储存潜力为15~20年。如果你证明了自己的耐心，葡萄酒就会向你展示它非同寻常的丝滑品质。

“此处，脚下俱是黄金。”

——若望·鲍斯高，拉莫拉前市长

几个历史瞬间

公元前 **200**年 → **1268**年 → **1986**年 → **2014**年

- 公元前200年：希腊人在该地区发展葡萄种植。
- 1268年：关于都灵附近内比奥罗葡萄酒的最早文字记录被发现。
- 1986年：新一代葡萄种植者决定注重质量而非产量。
- 2014年：皮埃蒙特葡萄园被列入联合国《世界遗产名录》。

北
瑞士
奥索拉河谷
马焦雷湖
北部产区
瓦莱达奥斯塔区
盖美
博卡
布莱马特拉
诺瓦拉斯丘
卡雷马
比耶拉
莱索纳
加蒂纳拉
伦巴第大区
塞西亚河岸
法拉
西扎诺
诺瓦拉
法国
都灵产区
卡拉维塞
卡鲁索厄尔巴鲁斯
韦尔切利
坎特维纳鲁比诺
唐波斯新堡玛尔维萨
加比亚诺
瓦尔苏萨
都灵丘陵
卡萨莱斯蒙费拉托格里尼奥里诺
蒙费拉托产区
都灵
基耶里弗雷伊萨
阿尔布尼亚诺
阿斯蒂格丽阿斯蒂弗尼奥里诺
阿斯蒂弗雷伊萨
卡索佐
阿斯蒂巴贝拉
亚历山德里亚
皮内罗洛
阿斯蒂
蒙费拉托卡斯塔尼奥尔露诗
波河
特雷阿尔菲里
蒙费拉托巴贝拉/蒙费拉托巴贝拉高级法定产区
阿尔巴
罗埃洛
卡洛索
尼扎
诺维利古雷
巴巴莱斯科
阿奎布拉凯多
斯特韦
嘉维/嘉维柯蒂斯
托尔托纳丘陵
洛阿佐洛
阿尔巴
萨鲁兹希丘陵
阿尔巴蒂亚诺巴罗洛
阿斯蒂莫斯卡多
蒙费拉托
奥瓦达/奥瓦达多姿桃高级法定产区
阿尔巴产区
阿斯蒂多姿桃
阿奎多姿桃
多利亚尼
阿尔多蒙费拉托坡
利古里亚大区
利古里亚海
索瓦纳 指定产区
基安蒂 意大利优质葡萄酒法定产区
0 10 20 千米
使用内比奥罗酿造的葡萄酒仅占皮埃蒙特葡萄酒的5%。但我们提到的几乎只有它。
皮埃蒙特葡萄酒的香型
蓝莓、桑葚、黑加仑、咖啡、杏仁
樱桃、桑葚、李子、甘草、胡椒
樱桃、桂皮、香草、皮革、烟草
樱桃、玫瑰、烟草、蘑菇、松露
优秀产区酒之奥瓦达多姿桃
葡萄品种：多姿桃
养熟12个月，其中6个月在木桶里
优秀产区酒之蒙费拉托巴贝拉
葡萄品种：巴贝拉
养熟14个月，其中6个月在木桶里
优秀产区酒之巴巴莱斯科
葡萄品种：内比奥罗
养熟21个月，其中9个月在木桶里
优秀产区酒之巴罗洛
葡萄品种：内比奥罗
养熟46个月，其中12个月在木桶里

都灵
味美思

这绝对是19世纪意大利和法国最有名的开胃酒。诞生于意大利都灵，重生于法国尚贝里，味美思并未结束它的传奇故事。

都灵苦艾酒之都
都灵

年产量
（单位：万升）
14 500

酒精度
15.5~21度

标准瓶装
（1升）价格
18欧元

起源

味美思是从19世纪初至20世纪50年代在西欧十分流行的一系列香味葡萄酒。“味美思”这个名字可以追溯到1786年的都灵，安东尼奥·贝内代托·卡帕诺发明了这个词。这款开胃酒是酒精强化的白葡萄酒，包含30多种植物和香料，其中浸泡的苦艾译成古德语是“味儿慕”。后来开胃酒大获成功，出口到欧洲各地。

味美思有两大系列：红色味美思（也称甜味美思）属于意大利，它之所以是琥珀色，是因为使用了蔗糖；而白味美思（也叫苦味美思）属于法国，它是在尚贝里被发明的。在欧洲，调香葡萄酒想冠以“味美思”这个名字，必须含有75%以上的葡萄酒，且酒精浓度为14.5%~21%。用于调香的植物可以不同，但其中必须有蒿（大小苦蒿家族均可）。

味美思度过它的黄金岁月以后，自1950年开始，作为开胃酒发展缓慢，且常因老旧形象而招人诟病。

品鉴

味美思是优质的开胃酒，传统的饮用方法是纯饮，可以加一些冰块，配上一块橘皮或橙片。它可以用来调一些传统的鸡尾酒，例如曼哈顿和内格罗尼。在一定程度上，香料与葡萄酒品种使不同味美思的味道有区别。意大利用的葡萄品种是麝香葡萄和特雷比奥罗，法国用的葡萄品种是克莱雷、匹格普勒和白玉霓，但重点是选择的植物和香料。每种葡萄酒都有自己的配方和基于原料种类而形成的特质。芫荽、苦橙、当归、丁香、桂皮、龙胆、接骨木花、小豆蔻、茴香、香草、金鸡纳树皮、鸢尾、墨角兰、洋甘菊、鼠尾草——名单很长，搭配方式充满无限可能！

“拿味美思和苦艾酒来开胃，心情打一开始就很好。”

——居伊·德·莫泊桑
《皮埃尔和让》（1887年）

几个历史瞬间

1786年：安东尼奥·贝内代托·卡帕诺在都灵发明“味美思”一词。

1813年：约瑟夫·鲁瓦里在尚贝里生产了第一款法国干味美思。

19世纪：味美思在欧洲各地广受赞誉。

1950年：味美思发展缓慢。

马丁尼

1 汤勺干味美思
50 毫升金酒
6 个冰块

把金酒、味美思和冰块倒进玻璃杯里混合，静置 10~15 秒，一边过滤冰块，一边把酒倒进一个冰过的马丁尼玻璃杯里，在玻璃杯底部放 1 颗绿橄榄。

不同风格的味美思酒

干/赛科
18~20 度
含糖量小于 40 克/升

白
16 度
含糖量为 100~150 克/升

罗莎/甜
15~17 度
含糖量大于 150 克/升

曼哈顿

40 毫升威士忌
20 毫升红味美思
4 滴安古斯图拉苦酒
1 颗马拉希奴酒渍樱桃
5 个冰块

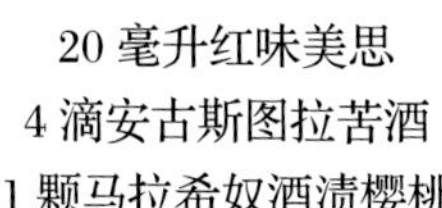

把原料和冰块倒进一个搅拌玻璃杯里，用勺子快速搅拌，去除冰块，把酒过滤到一个冰过的玻璃杯里。用马丁尼杯盛酒，并用 1 颗马拉希奴酒渍樱桃装饰。

内格罗尼

30 毫升金巴利
30 毫升红味美思
30 毫升金酒
冰块

把原料直接倒进一个威士忌玻璃酒杯里，加入一些冰块，用一片橙子装饰。

味美思在西班牙获得了很高的评价，以至"喝味美思"成为一种流行的说法，它的意思是"来杯开胃酒"。

米兰
金巴利

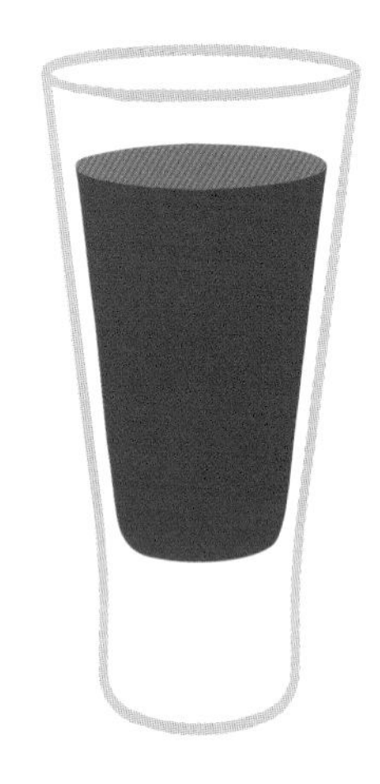

美国佬、内格罗尼或斯佩兹等鸡尾酒让全世界感受到金巴利强烈的香气和苦涩的味道，使它成为所有苦味利口酒中最潮、最意式的。

金巴利之都
米兰

年产量
（单位：万升）
3 000

酒精度
25 度

标准瓶装
（1升）价格
15 欧元

起源

加斯帕雷·金巴利是皮埃蒙特农民的儿子，14岁时，他就投入苦味酒精饮料的生产之中——这些开胃利口酒是通过浸泡苦味植物得到的。1860年，在米兰附近诺瓦拉的一家酒吧里，他的各种试验有了结果。在那里，他最终确定了一种由60种原料构成的利口酒配方——草药、香料、树皮、果皮……配方直到今日依然是秘密。加斯帕雷·金巴利打算在米兰售卖他的利口酒，他的商业目标很快实现了：他开了一家小食店"金巴利咖啡馆"，甚至亲自调制鸡尾酒。也是在这里，美国佬鸡尾酒诞生了，金巴利酒也随之大获成功。达维德是加斯帕雷·金巴利的第四个儿子，他发展了家族企业，在米兰郊外办了第一家金巴利工厂，把该品牌发展成世界市场占有率排名第七位的酒业集团。加斯帕雷·金巴利有很强的营销策略：有计划地邀请著名艺术家来给公司宣传。金巴利酒对米兰的讲述就像米兰讲述金巴利酒一样多。"金巴利咖啡馆"一直都在，是都市上流社会咖啡馆，一百多年以来，坚持调制意大利最好的美国佬鸡尾酒。

品鉴

金巴利主要作为开胃酒被消费。它有强烈的香气和苦涩的味道，仅仅是加冰块饮用就跟鸡尾酒一样受欢迎。美国佬鸡尾酒和内格罗尼作为金巴利两大主要品牌，为金巴利赢得了更高的声誉。

"红色激情。"

——金巴利广告词

几个历史瞬间

1860年 → 加斯帕雷·金巴利在诺瓦拉发明金巴利酒。

1904年 → 一家金巴利工厂在米兰郊区的塞斯托-圣乔瓦尼第开业。

1932年 → 金巴利制定了市场战略，与艺术家一起合作拍摄广告招贴画。

2010年 → 庆祝金巴利工厂成立106周年。

美国佬和内格罗尼

加斯帕雷·金巴利将一份金巴利和一份都灵味美思混合后倒入苏打水，配上一块橘皮，并把此酒命名为米兰–都灵。1917 年，它改名为美国佬，用来致敬那些来到意大利的美国士兵。这个名字一经使用立即被接受，并流传到世界各地。内格罗尼是 1919 年内格罗尼公爵在佛罗伦萨发明的，公爵是美国佬的拥护者，他在从伦敦回意大利的路上，用一份金酒代替了苏打水，也混合味美思和金巴利，这款酒一经推出就获得了成功。

美国佬

30 毫升金巴利
30 毫升红味美思
适量苏打水

把原料直接倒进一个威士忌玻璃杯里，加冰块，缓缓注入一股苏打水，用一片橙子或一块柠檬皮装饰。

内格罗尼

30 毫升金巴利
30 毫升红味美思
30 毫升金酒

直接把所有原料倒进一个威士忌玻璃杯里，加入冰块，用一片橙子装饰。

金巴利鸡尾酒

金巴利斯佩兹

40 毫升金巴利
20 毫升苏打水
180 毫升普罗塞克葡萄酒

把所有原料直接倒进一个葡萄酒杯里，用一片橙子装饰。

花花公子

30 毫升金巴利
30 毫升红味美思
90 毫升波旁酒

把所有原料和冰块倒进调酒杯里，摇匀，过滤到一个冰过的鸡尾酒杯里，用一片柠檬皮装饰。

米兰城可能是开胃酒（打开胃口的含酒精的饮料）这一概念的源头。

萨龙诺
阿玛雷托

伦巴第有很多甜甜的美味，其中阿玛雷托是一种半甜半苦的利口酒。

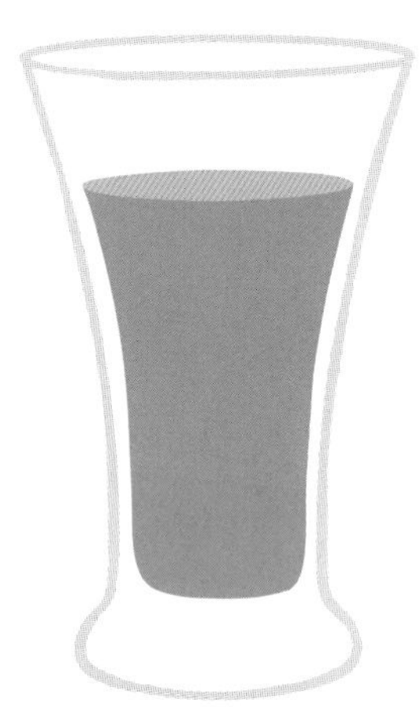

阿玛雷托之都
萨龙诺

年产量
（单位：万升）
500

酒精度
25~28度

标准瓶装
（1升）价格
12欧元

起源

阿玛雷托是意大利著名的利口酒，有强烈的杏仁味，起源于伦巴第，确切地说是起源于米兰北部的萨龙诺镇。伦巴第是众多著名酒精饮料的发源地。关于阿玛雷托的起源，有两种说法。第一种是师从达·芬奇的画家贝尔纳迪诺·卢伊尼为了创作壁画住在萨龙诺，当时他以所住宿的旅店女老板为模特作画，得到的回报是一张含酒精的杏仁药水配方。第二种说法听起来更真实：一个阿马蒂饼干制造商本来想把用来做饼干的杏仁用酒浸泡一下，结果却得到了阿玛雷托。

与大多数餐后酒不同，制作阿玛雷托并不用蒸馏，只需简单地把杏仁和杏仁核浸泡在酒里，并加入芳香药草和香料（如桂皮或芫荽）。然后，加入糖水来软化饮料。有必要把从杏树上得到的杏仁与从杏子核里得到的杏仁区分开，后者是阿玛雷托的主要原料，又叫“苦杏仁”，又苦又香。正是由于它的这种苦味，用其制成的利口酒才叫阿玛雷托。杏树上的杏仁成本很高，因此逐渐被杏子核里的杏仁取代了。

品鉴

作为加冰块一起饮用的餐后酒，阿玛雷托十分受欢迎，但它还有其他优势。它由于香甜的味道很早就被用于烹饪，可以增强煎饼面糊的口感，为提拉米苏和肉酱汁增香。著名的克烈特意式咖啡通常就用阿玛雷托代替糖。美国人更多地把它用在鸡尾酒里，例如教父就是威士忌和阿玛雷托的结合；杏仁酸酒则是阿玛雷托加蛋清和柠檬汁。

简而言之，在酒柜或者厨房壁橱中可以放一瓶阿玛雷托，用它来给菜肴增加一点甜味和苦味。

几个历史瞬间

1525年 → **1786年** → **1851年**

1525年：画家贝尔纳迪诺·卢伊尼从萨龙诺一位客栈女老板那里得到一张阿玛雷托的配方。

1786年：拉扎罗尼家族发明了阿马蒂杏仁饼干。

1851年：拉扎罗尼家族发明了阿玛雷托利口酒。

阿玛雷托的主要原料——杏子核中的杏仁，含有大量的苦杏仁苷，这是一种天然存在的化合物，被消化时会转化为有剧毒的氰化物。

祖传阿玛雷托

100 克整粒苦杏仁
100 克杏子核中的杏仁
0.5 升水
0.5 升渣酿白兰地或 90 度食用酒精
350 克糖

将杏仁剥皮并在沸水中煮 1 分钟。滤掉水后，迅速把杏仁放进搅拌机。把食用酒精或渣酿白兰地与杏仁碎放在一个密封盒子里，在凉爽避光处浸泡 1 个月后，在锅里煮沸糖水，得到稀糖浆后冷却，过滤杏仁并将其与糖浆混合。装瓶，放置至少 3 个月。加冰饮用或用它调制鸡尾酒。

杏仁酸酒

60 毫升苦杏酒
20 毫升青柠檬汁
10 毫升蔗糖糖浆
1 个蛋清

把几个冰块放进老式玻璃杯中。把所有原料放进调酒器中，加入冰块，摇晃调酒器使其充分混合，再倒进玻璃杯里，用柠檬片装饰。

意大利
渣酿白兰地

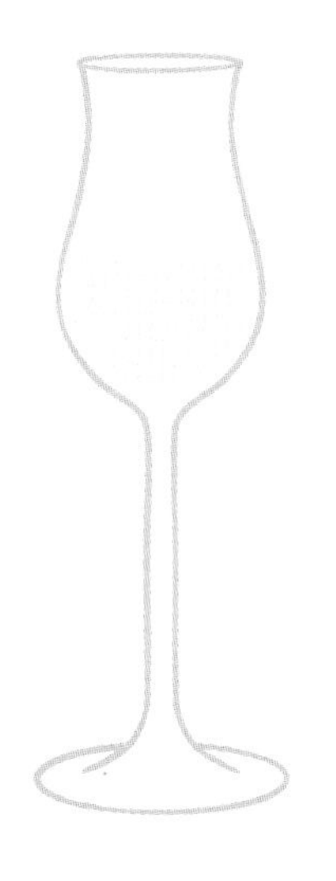

“葡萄全身是宝”，这似乎是渣酿白兰地给我们上的一课。渣酿白兰地由葡萄酒酿造过程中剩下的葡萄渣酿制而成，现在已经从穷人的酒变成了著名的白兰地。

渣酿白兰地之都
巴萨诺

年产量
（单位：万升）
2 800

酒精度
40~50度

标准瓶装
（1升）价格
40欧元

起源

在成为意大利白兰地女王之前，渣酿白兰地一直是平民的酒。皮埃蒙特、伦巴第或弗留利的农民靠它来抵抗阿尔卑斯山脚下严寒的冬天。15世纪以来，人们通过手工蒸馏葡萄酒酿造过程中的剩余物（发酵后的葡萄皮、葡萄籽及葡萄梗）来生产渣酿白兰地。

渣酿白兰地的名字在皮埃蒙特的方言中的意思是“葡萄剩余物”。第一次世界大战期间，渣酿白兰地开始流行，常被军队消费。在第二次世界大战以后，意大利经济增长迅速，工业生产的渣酿白兰地质量就更好了。目前，意大利有一百多家渣酿白兰地生产厂，大部分集中在历史悠久的烈酒产区，比如威尼托、特伦蒂诺和皮埃蒙特等著名产区。渣酿白兰地的生产受“典型地理标志”命名保护，该命名涉及意大利九个地方。

品鉴

根据陈化程度和使用的葡萄品种，渣酿白兰地分为很多不同类型。它的味道取决于酿造过程中是否经过橡木桶陈酿，以及使用的葡萄品种。渣酿白兰地常用的葡萄是麝香葡萄、霞多丽、赤霞珠、皮诺和格拉。

渣酿白兰地既可以作为餐后酒饮用，也可以用于制作克烈特咖啡或一些鸡尾酒。在奶酪作坊里，它还有一个众所周知的作用，即促进某些类型的奶酪成熟。

几个历史瞬间

1451年 → **1748年** → **1950年**

- 1451年：书面上第一次提及渣酿白兰地。
- 1748年：博尔托洛·纳尔迪尼在巴萨诺小镇首次将渣酿白兰地作为商品交易。
- 1950年：渣酿白兰地实施工业化生产。

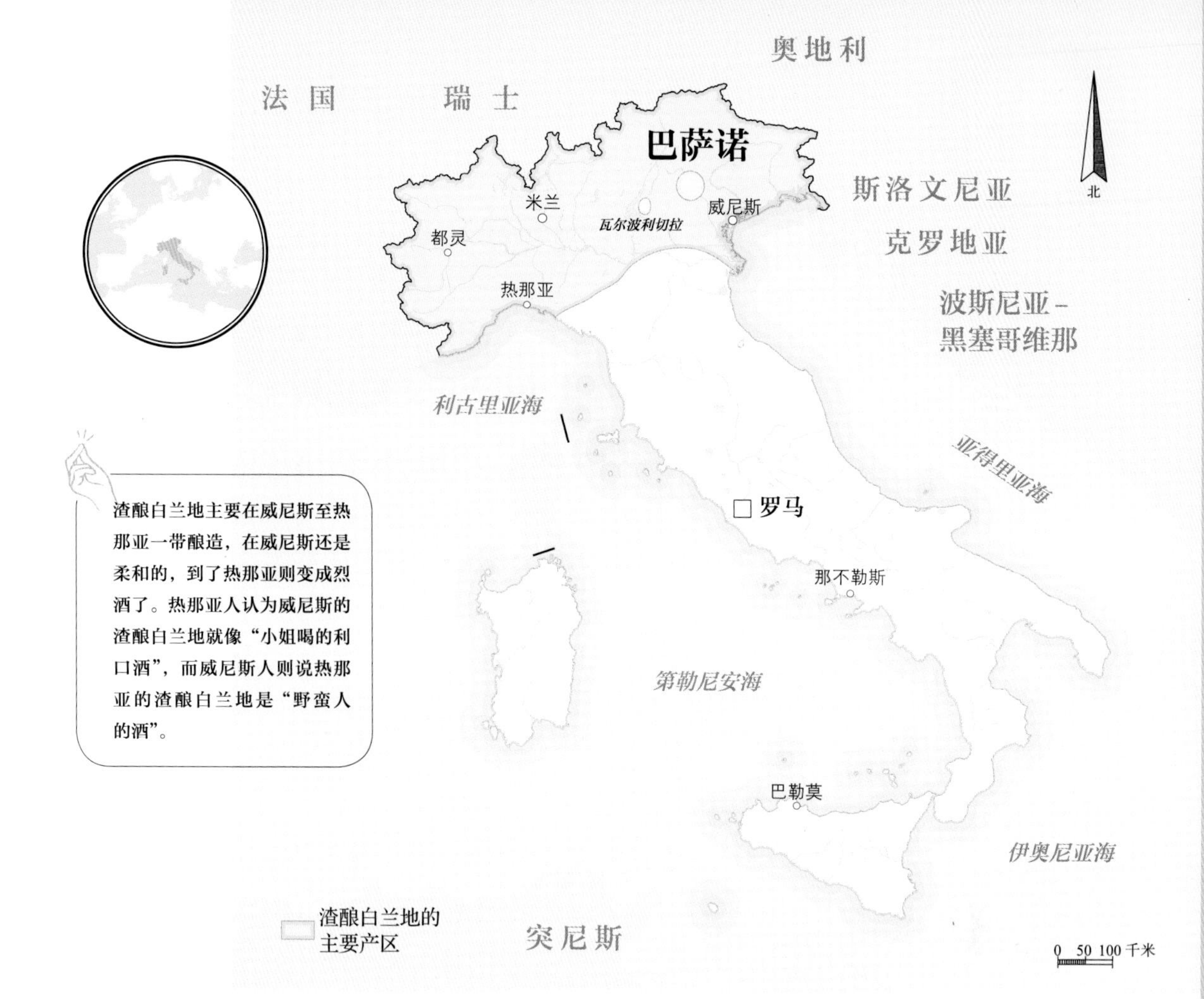

渣酿白兰地霸克

30 毫升渣酿白兰地
60 毫升橘子汁
150 毫升百里香和柑橘的混合物
1 瓶莫斯卡多酒
1 枝百里香和 1 条橙干

在搅拌玻璃杯中装满冰，倒入渣酿白兰地、橘子汁以及百里香和柑橘的混合物，加入起泡的莫斯卡多酒搅拌后，倒进长身杯，用百里香和橙干装饰。

阿玛罗尼渣酿白兰地

阿玛罗尼渣酿白兰地很有名，是用威尼托产区著名的阿玛罗尼酿造过程中剩余的瓦尔波利切拉葡萄渣酿造的。

葡萄采摘期晚，要在阳光下脱水两三个月，然后放入木桶酿造出金黄色的酒体，这使该酒散发出李子和野生浆果的香气。

不同类型的渣酿白兰地

青壮酒

不陈化

精酿酒

木桶陈化至少 12 个月

老酒

木桶陈化 12~18 个月

典藏酒

木桶陈化超过 18 个月

威尼托和弗留利 普罗塞克葡萄酒

所有酒的气泡都能升到表面，只有普罗塞克葡萄酒的气泡似乎还要冲到更高处。

普罗塞克之都

的里雅斯特

年产量
（单位：万升）

45 000

酒精度

11.5 度

标准瓶装
（750毫升）价格

15 欧元

起源

近3 000年以来，的里雅斯特丘陵上出产的葡萄酒一直受到当权者的喜爱。现在已经很难去追溯这种葡萄酒衍生成起泡酒的时间了。普罗塞克和香槟有三个不同点：生产场地（意大利东北部）、使用的葡萄品种（格拉）和起泡的方法——普罗塞克的气泡产生于密封的木桶而非瓶子。第三点可以解释普罗塞克的成功：它的价格通常是香槟的1/3。10年前，普罗塞克几乎只在意大利出售，如今70%的产品销往世界各地，尤其是美国和英国，甚至法国人也常喝意大利起泡酒。

10年前，普罗塞克几乎只在意大利出售。

品鉴

与其他葡萄酒一样，普罗塞克的香气、味道与葡萄品种、种植葡萄的土地和酿造技术有关。获准用于酿造普罗塞克的葡萄有十几个品种，但格拉仍然是最有代表性的品种。普罗塞克以香甜、味美著称。这款酒不具有陈化潜力，生产后第二年就可以饮用。纯饮主义者坚信普罗塞克一定要纯饮，但不可否认的是，这种葡萄酒的成功应归于贝利尼鸡尾酒和斯佩兹鸡尾酒的流行。在这两种酒里，普罗塞克都充当主要成分。为了避免冒犯意大利朋友，请选用便宜的普罗塞克酒制作鸡尾酒，而高端的就是“原味”——既不加冰也不加柠檬片——品尝吧。

“我们的葡萄酒就像刚从树上摘下的果子一样爽口。”

——吉安卡尔洛·维多罗，普罗塞克葡萄酒工会前委员

几个历史瞬间

1754年 → **1969**年 → **2009**年

1754年：书面上第一次提及“普罗塞克”这一名字。

1969年：普罗塞克限定产区，实行原产地命名控制。

2009年：科内利亚诺·瓦尔多比亚德内成为意大利第44个优质法定产区。

奥地利

托尔梅佐

普罗塞克法定产区

特伦蒂诺–上阿迪杰大区

弗留利区

乌迪内

科内利亚诺 · 瓦尔多比亚德内高级法定产区

波代诺内

斯洛文尼亚

阿索拉普罗塞克高级法定产区

拉蒂萨纳

蒙法尔科内

特雷维索

普罗塞克特雷维索法定产区

的里雅斯特

加尔达湖

维琴察

普罗塞克的里雅斯特法定产区

维罗纳

帕多瓦

威尼斯

威尼托区

威尼斯湾

阿迪杰河

亚得里亚海

伦巴第区

波河

艾米利亚–罗马涅大区

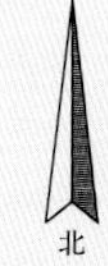

0 10 20 千米

三种普罗塞克

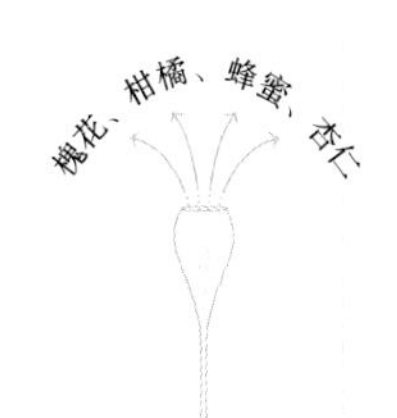

普罗塞克

法定产区 原生

含糖量：0~12 克/升

普罗塞克

法定产区 特干

含糖量：12~17 克/升

苹果、梨、柑橘、糖衣杏仁

普罗塞克

法定产区 干型

含糖量：17~32 克/升

早餐

含羞草

2/3 普罗塞克

1/3 橙汁

下午茶

贝利尼

2/3 普罗塞克

1/3 桃子泥

适量蔗糖糖浆

晚会

斯佩兹

1/3 开胃酒（或者金巴利）

2/3 普罗塞克

适量苏打水

半片橙子

“普罗塞克”这一酒名来自其产地的村庄名，该村坐落在的里雅斯特的郊区。

意大利
阿马罗酒

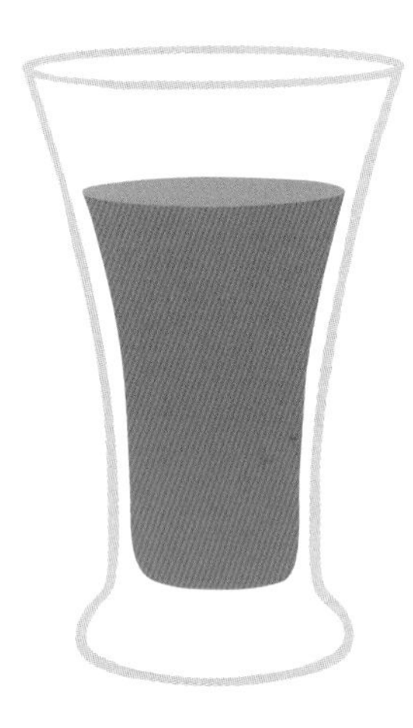

品尝意大利苦味利口酒系列，足以成为意大利境内深度游的一个项目。在这里，几乎每一个村庄都有自己独特的苦味利口酒。

年产量
（单位：万升）
3 000

酒精度
35~40度

标准瓶装
（700毫升）价格
20欧元

起源

阿马罗是意大利利口酒的一个大家族，其中利口酒种类繁杂。它们有什么共同点？苦。把草药、植物花叶、树皮根茎或者香料浸泡在中性酒精中，然后加入糖或在酒桶里陈化，便可得到阿马罗。这些利口酒的起源可以追溯到中世纪，那时候散发着植物苦涩香气的酒精液体是作为药水使用的，通常由宗教团体负责制作，配方都严格保密。意大利很多地方都可以生产这种利口酒，甚至可以说，每个城市、每个村庄都有使用当地植物制作利口酒的独家配方。意大利每个大区都有各自流行的阿马罗酒品牌：米兰有拉马左蒂，西西里岛有雅凡纳，巴西利卡塔有卢卡诺，而博洛尼有蒙特内罗。

品鉴

在阿马罗酒具有的极少数治疗功效中，助消化功能无疑是最出名的。一般来说，阿马罗酒适合餐后常温饮用或加冰块饮用。阿马罗酒也用来调节克烈特咖啡的口味。在鸡尾酒酒吧里苦味鸡尾酒的回归潮流中，阿马罗酒重新流行起来。阿马罗酒可调和苦涩味道与植物气息之间的关系，成了调酒师的首选原料。

助消化功能无疑是最出名的。

“没品尝过苦的人就不懂得欣赏甜。”

——意大利谚语

几个历史瞬间

13世纪 → **19世纪**

13世纪：出现了用苦味植物制造“药酒”的最早痕迹。

19世纪：在意大利，大部分阿马罗酒品牌诞生。

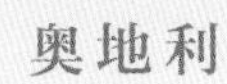

阿马罗酒被推荐用于治疗头痛——饮酒过量导致的头痛！

翻云覆雨

20 毫升金酒
20 毫升红味美思
2 口菲奈特－布兰卡
橙子皮

把原料和冰块放入调酒器里，晃动调酒器，让原料与冰块充分混合，倒入冰过的玻璃杯，用橙子皮装饰，上酒！

不同种类的阿马罗酒

菲奈特
特别苦

味美思
以葡萄酒为原料

莫迪约
最流行　柑橘味

菲洛西多
以球茎茴香为原料

阿尔宾纳
用阿尔卑斯山植物调香

莱特
颜色明亮
柑橘味突出

卡乔佛
以洋蓟为原料

蜜也乐
以蜂蜜为原料

塔尔杜夫
以黑松露为原料

金鸡纳
以金鸡纳霜为原料

意大利
珊布卡

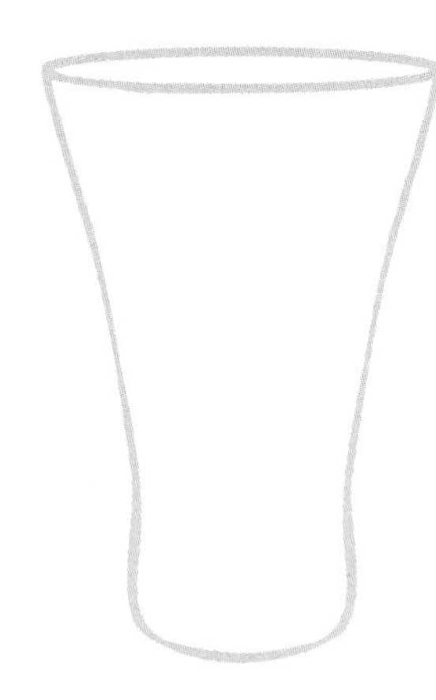

珊布卡是意大利著名的利口酒，也是口味纯正的茴香酒，在罗马十分受欢迎。珊布卡的流行归功于安杰洛·莫利纳里的远见卓识——他极具前瞻性地推广了这种酒。

珊布卡之都
奇维塔韦基亚

年产量
（单位：万升）
2 000

酒精度
38~42度

标准瓶装
（700毫升）价格
15欧元

"我把它命名为'珊布卡'，向桑布切利——我家乡的运水者致敬，他们到田野里去，带着水和茴香，给农夫们解渴。"

——路易吉·曼兹，珊布卡商业化的先驱

起源

从八角和茴香中蒸馏得到的精油构成了珊布卡的基础成分。这些精油随后被放进纯酒精里进行浸泡，然后加入白色接骨木花的提取物。百里香、胡椒薄荷和龙胆同样可以加入其中。

据说西西里岛南部的一个小镇出现了一个神秘的配方，然而珊布卡是1851年在罗马附近的拉齐奥省奇维塔韦基亚市诞生的。珊布卡的来源并不明晰，但它的名字指向接骨木——这种利口酒的第二大原料。也有可能如首次将这种饮料商业化的路易吉·曼兹所说，这个名字是在向他家乡的运水者致敬。可以肯定是，企业家安杰洛·莫利纳里在第二次世界大战结束以后推广了珊布卡这种饮料。他在奇维塔韦基亚市先后建了三家工厂生产这种酒。莫利纳里家族在开拓市场上的努力使这种饮料在20世纪50年代流行起来，尤其是在罗马的社交圈。

品鉴

珊布卡有几种不同的饮用方式，最简单的是纯饮，加点儿冰块，将它作为开胃酒或餐后酒。想提神的话，最好兑凉水喝。也可以把它放进咖啡里代替糖，传统上这种饮料被称作克烈特咖啡。还能把它倒进利口酒杯里点火喝，或者倒进鸡尾酒里。在意大利，如果你发现你的珊布卡酒杯里有三颗咖啡豆，别大惊小怪，这种做法是安杰洛·莫利纳里为了平衡八角的甜度而发明的。所以抿一口酒，嚼一嚼咖啡豆，绝对是不一样的味道！

几个历史瞬间

1851年：珊布卡酒开始商业化：路易吉·曼兹在奇维塔韦基亚开始售卖"曼兹牌"珊布卡。

1945年：意大利政府授予莫利纳里家族的珊布卡"特级"称号，以表彰其生产质量。

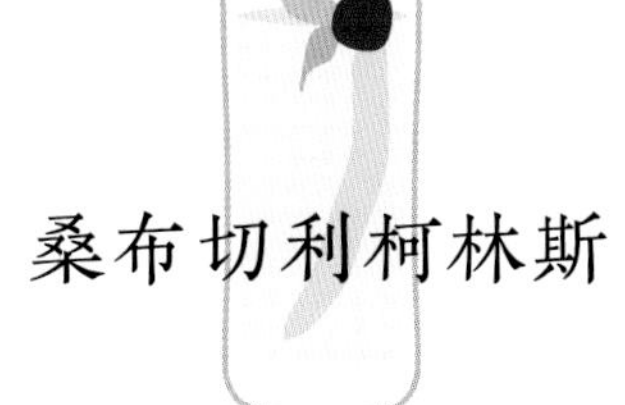

桑布切利柯林斯

2 厘米长的新鲜黄瓜条
40 毫升珊布卡
20 毫升柠檬汁
80 毫升苏打水

在玻璃杯中捣碎新鲜黄瓜，加入冰块、珊布卡和柠檬汁混合均匀，然后加入苏打水，用黄瓜和柠檬皮切片装饰。

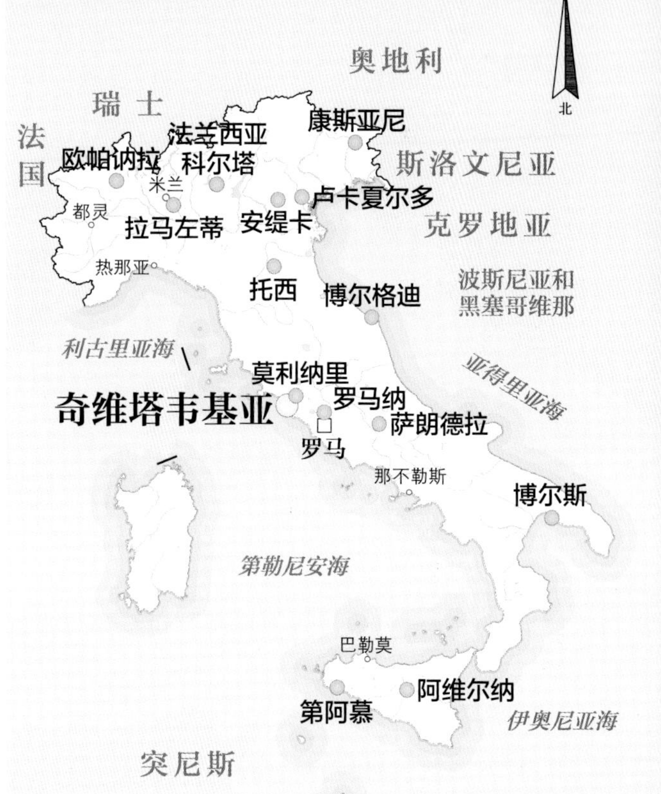

珊布卡主要生产商分布图

八角

通常一年收获两季——春季和秋季。

17 世纪，八角树被引进欧洲。

八角广泛分布在中国南部和越南北部。

在汉语中，“八角”的意思是“八个尖角”。

八角闻起来有胡椒味，尝起来有强烈的茴香味。

八角被认为可以用于肠道和呼吸系统疾病的治疗。

珊布卡是 19 世纪五六十年代电影《甜蜜生活》所描写的大时代——罗马社交圈里最潮的饮料。

利口酒

47

第四十七杯酒

坎帕尼亚柠檬酒

在索伦托半岛的阳光下，坎帕尼亚柠檬酒成为柠檬利口酒典范。

柠檬酒之都

卡普里岛、阿马尔菲、索伦托

酒精度

26~35度

标准瓶装（700毫升）价格

20欧元

起源

坎帕尼亚柠檬酒是一种柠檬利口酒，通过把柠檬皮浸泡在纯酒精中制成。它起源于坎帕尼亚，确切地说是起源于那不勒斯海湾，那里有三个地方都声称自己是柠檬酒最早的酿造地：据说，在卡普里岛，一家旅馆老板为了给客人提神解乏萌生了酿造柠檬酒的想法，而索伦托家族则声称他们很早就已经给他们的客人提供了这种酒；在阿马尔菲，人们相信渔民一直都有在冬天喝柠檬酒御寒的习惯。不管怎样，这是一种由当地出产的优质柠檬酿造的独特饮料。这里的柠檬肉多皮厚，含有丰富的精油。今天，坎帕尼亚柠檬酒蜚声全球，地中海周边几乎都出产这种酒：科西嘉岛、马耳他、芒通、撒丁岛。它还随着意大利移民到了阿根廷和美国加利福尼亚州，这些地方产的柠檬也发挥了重要作用。柠檬酒的特殊之处在于其酿造工艺相对简单，因此在意大利南部“自制”柠檬酒仍然比较常见。

品鉴

最传统的柠檬酒饮用方式是，将它倒入冰过的玻璃杯中作为餐后酒饮用。柠檬利口酒以糖和柠檬为主要原料，因此以酸甜平衡而闻名。如今，作为流行的鸡尾酒，柠檬酒做了一些突破传统的改变并迅速火了起来——比如与龙舌兰酒融合成玛格丽特柠檬酒，与白朗姆融合成特调莫吉托。简而言之，如果你想在鸡尾酒里加柠檬，坎帕尼亚柠檬酒是理想的利口酒。

几个历史瞬间

19世纪 → **1988年** → **20世纪末**

19世纪：几段不同的故事证明了索伦托半岛和卡普里岛生产柠檬利口酒。

1988年：马西莫·卡纳尔首次在卡普里岛将柠檬酒商业化。

20世纪末：坎帕尼亚柠檬酒在意大利获得了国酒的赞誉，与渣酿白兰地齐名。

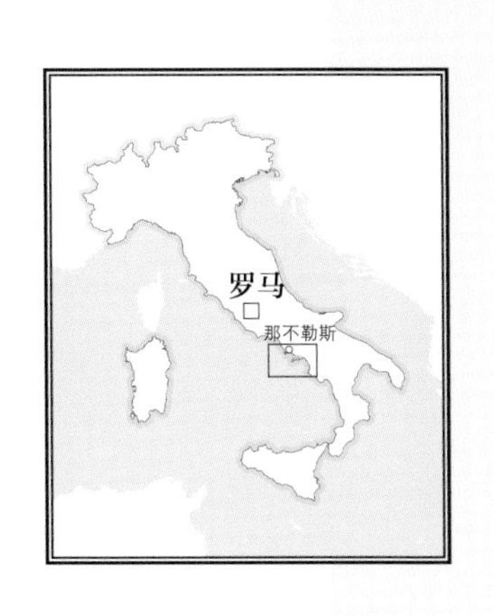

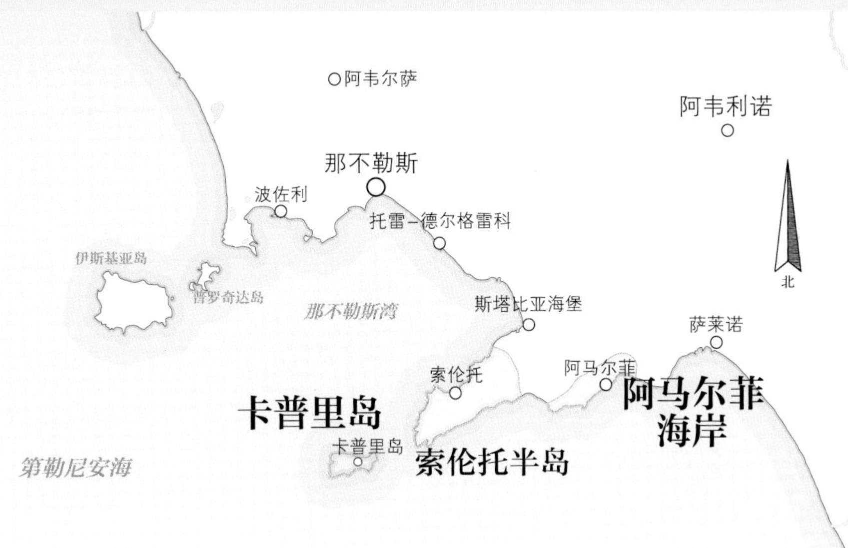

坎帕尼亚柠檬酒不是一种受原产地命名保护的利口酒，但它的主要原料——柠檬——种植在索伦托的“索伦托鹅蛋”，属于法定产区水果。

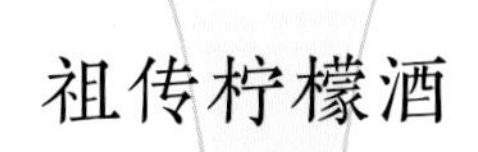

祖传柠檬酒

1 升 90 度酒
8 个成熟度正好的有机柠檬
1 升水
800 克糖

削下柠檬皮，放入大罐子底部并用酒精覆盖。置于干燥避光处，浸泡 2~3 周，酒会变成黄色。把糖水煮沸后倒进大罐子里，放置 24 小时，然后过滤。完全冷却后即可饮用。

“索伦托鹅蛋”柠檬

“索伦托鹅蛋”皮厚，香味浓郁，呈明黄色，果汁酸酸的，在其种属中独具特色。“索伦托鹅蛋”的精油功效使其被视为柠檬酒原料主选。在索伦托半岛上，柠檬树种植在火山灰上，像从前一样用帕格利亚赫勒保护起来，也就是把稻草垫子放在栗木桩上，再盖在柠檬树上。收获期从 2 月持续到 10 月，但只能人工采摘。

突尼斯博拉酒

布基纳法索
朵萝酒

贝宁索达比

香蕉啤酒

南非皮诺塔吉酒

留尼汪朗姆酒

埃塞俄比
亚特吉酒

非洲

在非洲大陆上，穆斯林国家禁酒，而撒哈拉沙漠以南一些国家的酒类销量却创了纪录，这片大陆与酒精的关系呈现强烈的反差。非洲是世界上仍在以家庭为单位手工生产酒精饮料的最后一些地区之一，尤其是啤酒和白兰地。高粱、香蕉、棕榈汁和椰子是传统酒常见的基本原料。非洲也种植葡萄，主要代表是南非。与门多萨和悉尼位于同一纬度的南非葡萄园是世界第八大葡萄酒生产地。

突尼斯
博拉酒

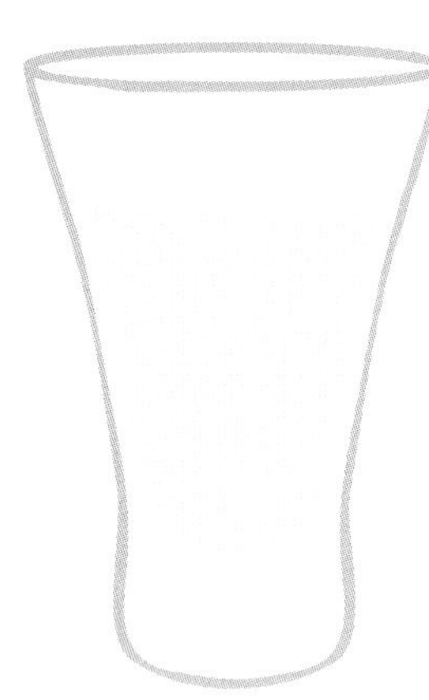

在成为突尼斯美食象征之前，博拉酒是该国犹太社区的标志性饮料。

年产量
（单位：万升）
30

酒精度
37.5 度

标准瓶装
（700 毫升）价格
20 欧元

起源

在声名鹊起前，博拉酒是一种社区酒，流行于突尼斯的犹太人聚居区。把熟透的无花果晾干、浸泡，然后发酵，从中获得果汁，并将其在柱形蒸馏器中蒸馏，完成后把该酒作为家庭饮料。1820 年，亚伯拉罕·博科布萨决心要把这一产品商业化——他的作坊位于突尼斯附近的拉苏尔哈。起初，在蓬勃发展的博拉酒市场上有众多品牌，最终以其创始人命名的品牌博科布萨博拉酒获得了市场的认可，并确立了以方形瓶为外包装的形式。这种无花果白兰地经过了犹太洁食认证，即它可以在犹太社区销售。经过 20 世纪的发展，博拉酒走出了它最初的圈子，被所有突尼斯人追捧，成功跻身国民饮料之列，成为最有代表性的突尼斯美食之一。

这种无花果白兰地经过了犹太洁食认证。

品鉴

博拉酒是一种纯天然的健康酒，它的品质取决于无花果的质量。博拉酒使用的无花果通常来自地中海地区，特别是土耳其。博拉酒既是餐后酒又是开胃酒，作为开胃酒加冰饮用，作为餐后酒常温饮用。博拉酒也可以像伏特加一样饮用——别犹豫，把酒瓶速冻一下，它闻起来总会有浓郁的无花果香，足以让人赞不绝口。今天，除了作为鸡尾酒原料，博拉酒还可以加到水果沙拉里增添风味，或者加到果汁里丰富口感。

> “博拉酒对谢法哈德（北非的犹太人）来说，就像伏特加对阿什肯那兹（东欧的犹太人）一样。”
>
> ——谚语

几个历史瞬间

1820 年 → **1900 年** → **20 世纪**

1820 年	1900 年	20 世纪
亚伯拉罕·博科布萨在突尼斯附近的拉苏尔哈作坊里蒸馏出第一批无花果白兰地。	数十个博拉酒品牌在突尼斯诞生。	博拉酒成为国酒。

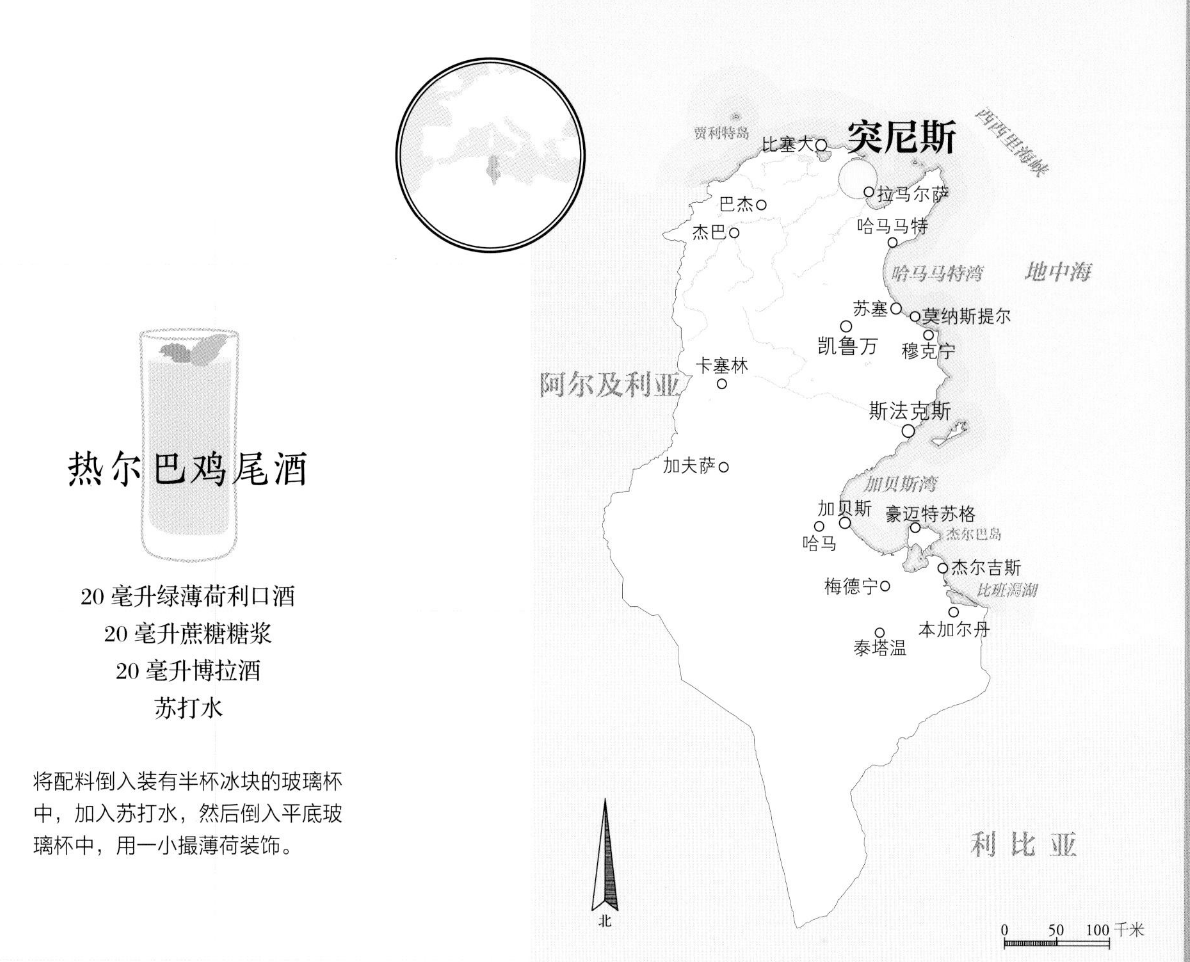

热尔巴鸡尾酒

20 毫升绿薄荷利口酒
20 毫升蔗糖糖浆
20 毫升博拉酒
苏打水

将配料倒入装有半杯冰块的玻璃杯中，加入苏打水，然后倒入平底玻璃杯中，用一小撮薄荷装饰。

突尼斯人是北非地区最大的酒精消费群体。

无花果

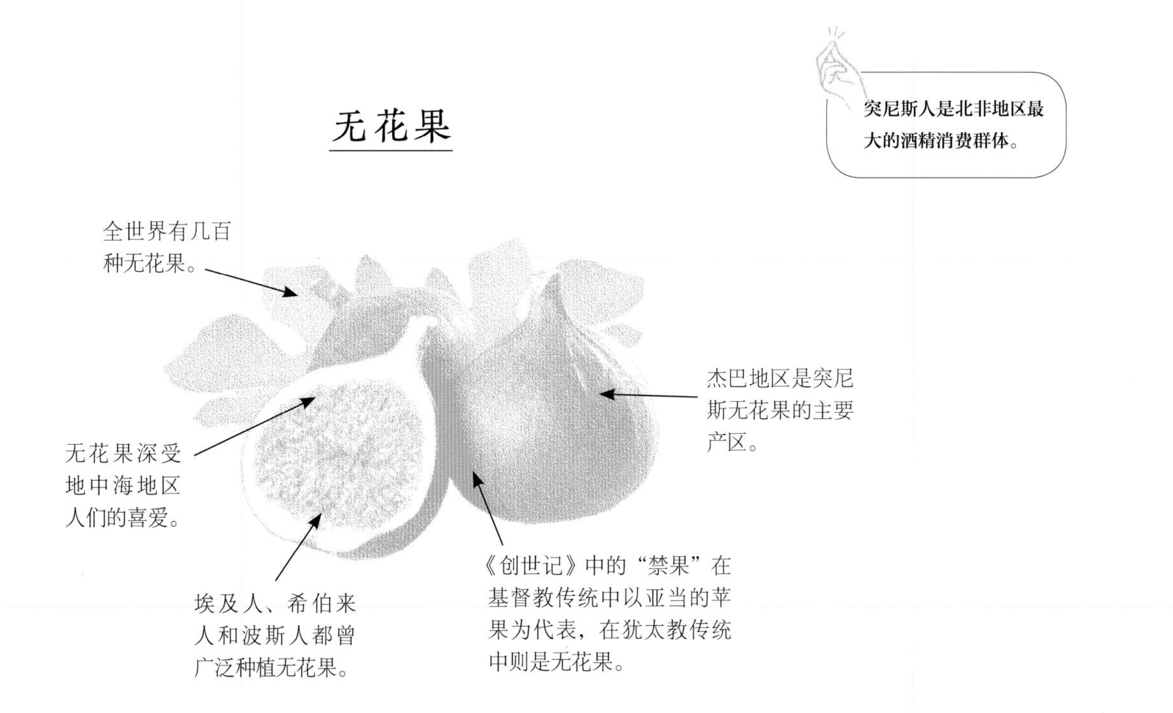

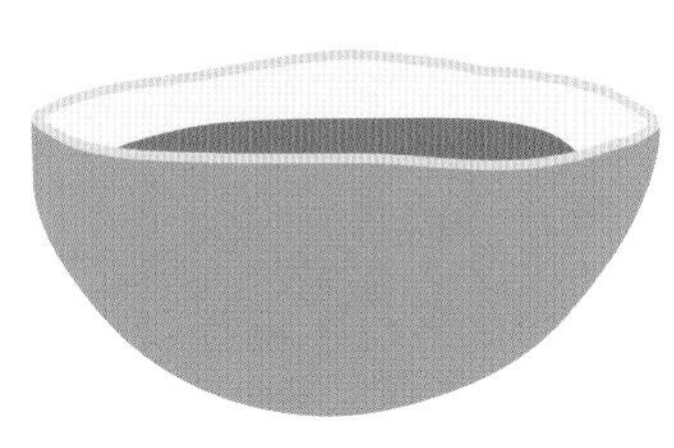

布基纳法索
朵萝酒

朵萝酒是世界上存在时间最短的酒——在 24 小时内生产并在接下来的几个小时内喝掉。

朵萝之都
瓦加杜古

年产量
（单位：万升）
60 000

酒精度
3 度

标准瓶装
（1 升）价格
0.13 欧元

起源

朵萝酒是将红高粱或小米发酵得到的饮料，由被称为“朵萝酒女”的妇女独家酿造。把植物浸湿，摊开后用干稻草覆盖，使其发芽。在磨粉以前，要在太阳下晒三天。将磨出来的粉煮沸，并与酵母混合，此时发酵就开始了。静置一夜以后，朵萝就做好了！它看起来像烹饪的一道菜——只为重大事件和特别的时刻而生，并且必须立即饮用，因为它不能存放。这种不稳定性阻止了实业家占有并交易这种饮料，使得朵萝酒仍然作为手工酿造酒而存在。

品鉴

每一种饮料都有自己的饮用场合。在布基纳法索，朵萝酒是“小酒馆”中的消费品，那是非常有烟火气息的地方，仅有几件基本的家具，通常由朵萝酒女经营，这样可以保证从生产到销售的路径最短。在布基纳法索，近 15 万名妇女有酿造朵萝酒并经营一家小酒馆的许可证。在一些传统仪式上也能看到朵萝酒，如洗礼、葬礼和婚礼。这是一种浑浊的饮料，略带酸味，让人联想到苹果酒。朵萝酒倒出来时有少量泡沫，但泡沫很快就消失了。朵萝酒装在一个被晒干并掏空的葫芦里。

它是一种浑浊的饮料，略带酸味。

高粱

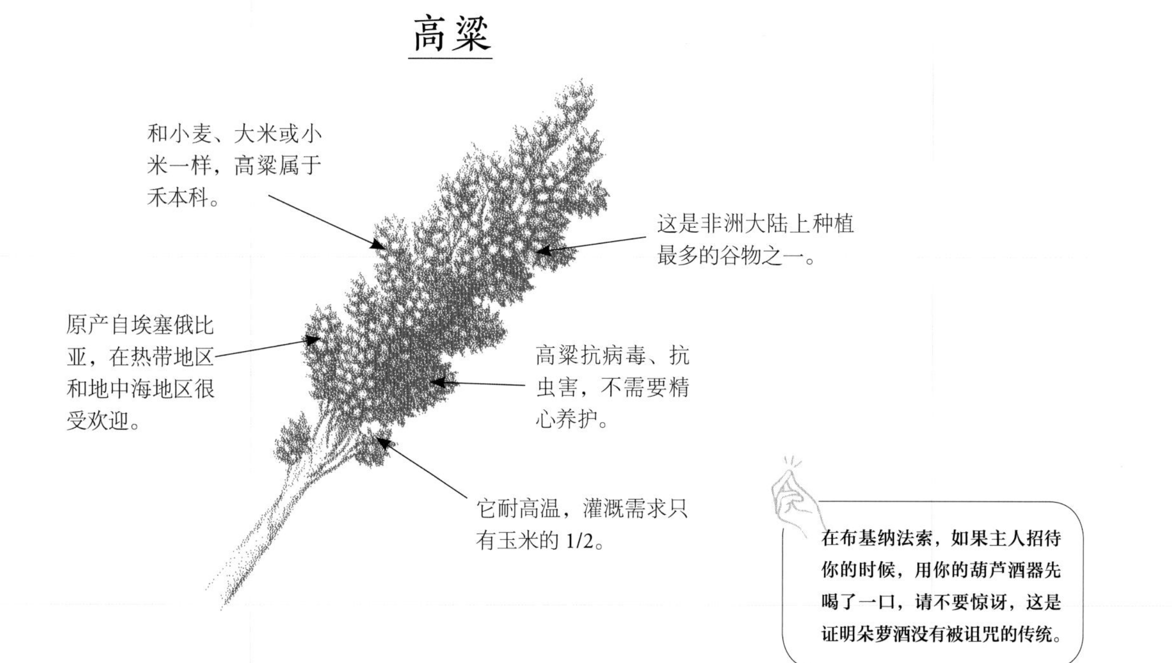

在布基纳法索，如果主人招待你的时候，用你的葫芦酒器先喝了一口，请不要惊讶，这是证明朵萝酒没有被诅咒的传统。

贝宁
索达比

对于发明这种饮料的索达比兄弟来说，棕榈酒这一贝宁的国民饮料，是真正广受欢迎的成功产品。

索达比之都
阿拉达

年产量
（单位：万升）
200

酒精度
45~70度

标准瓶装
（700毫升）价格
5欧元

起源

20世纪初，棕榈酒先是出现在贝宁，随后是多哥。它的起源至今仍很模糊，流传着好几种说法，但今天，我们要讲的是主流的索达比兄弟的故事。兄弟俩中有一个曾作为殖民地军团的一员与德国人作战，1919年从法国回到贝宁，把从法国学到的蒸馏技术也带了回去。他的兄弟和他一起试着用熟透的香蕉来生产酒。后来，随着经验的积累，他们能够以棕榈汁为原料蒸馏出70度的烧酒。现在，索达比是贝宁最受欢迎的本土酒，还在多哥和西非其他大部分地区流行。同时，它在当地还以引起社会和政治问题而出名：索达比的消费两极分化，在偏远又受欢迎的地区非常便宜（1升不过1.2欧元），但因为产量不定，所以价格波动大。尽管它的制造地主要在南方地区，但它的消费地在北方地区。

它还在多哥和西非其他大部分地区流行。

品鉴

索达比深深根植于贝宁的传统文化，它可以出现在各种场合——婚礼、出生、聚会乃至葬礼；给前来的客人一杯索达比以示欢迎（用一个很小的杯子喝）；在贝宁各地的小摊上都可以买到它。这些地方变成了“人民议会”，人们在那儿讨论国家政治。今天，在科托努的时尚酒吧里，索达比作为优质的鸡尾酒原料占有一席之地。

“索达比，
聚会之酒。”
——格言

几个历史瞬间

1918年 索达比兄弟在“一战”后带着蒸馏技术回到家乡。

1920—1930年 索达比在贝宁和多哥各地流行开来。

1931年 殖民者决定禁止生产索达比。

2012年 一个年轻的美国人计划以“唐布尔”为品牌在全世界推广索达比酒。

非洲索达比的不同名称

喀麦隆：翁多托勒或阿依
科特迪瓦：古图库
加纳：阿克贝特谢
尼日利亚：欧哥活
贝宁和多哥：索达比

隐藏的激情

2 个百香果
40 毫升索达比酒
2 茶匙柠檬汁
2 茶匙蔗糖糖浆
1 杯冰块

在玻璃杯中捣碎百香果籽儿，提取 80 毫升果汁，加满冰块，倒入其他原料并混合。在玻璃杯边缘用柠檬片装饰。

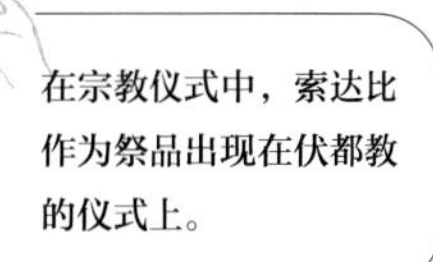

在宗教仪式中，索达比作为祭品出现在伏都教的仪式上。

纽约的索达比

美国学生杰克 · 米勒曼拜访住在贝宁的朋友时，被贝宁索达比的魅力征服，开始在国际上推广这种饮料。杰克 · 米勒曼和他的朋友骑摩托车穿越贝宁，寻找棕榈酒生产者，最终开发出一种更容易被接受的配方，其酒精度只有 45 度。 如今，他们位于科托努的索达比品牌“唐布尔”出口到美国的时尚酒吧里。

啤酒

51

第五十一杯酒

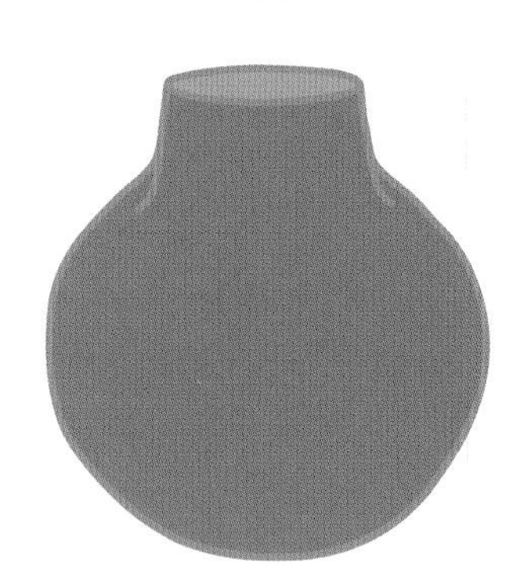

东非
香蕉啤酒

本地、传统、手工、家庭制作、有活力——要描述这种在东非市场占有率极高，甚至可以与大工业制造产品相抗衡的饮料，可不缺词汇。

酒精度

5~15度

标准瓶装
（1升）价格

1欧元

起源

香蕉啤酒在东非大湖区——布隆迪、乌干达、卢旺达和刚果——广受欢迎。当地人每天都喝这种酒，而且这种酒一般由匠人和家庭制作。

酿酒的方子都是父子相传。将成熟的香蕉（也可以用野生香蕉）和一种草放在一起挤压，得到一种轻薄透亮的汁液，加上水和黍麦芽或高粱的混合液，一起倒进一个木制酒桶里，盖上巨大的香蕉树叶，放在火上加热三天，然后过滤，就得到这种5~15度的啤酒。

尽管有些大公司进军香蕉啤酒市场，但真正吸引布隆迪人和卢旺达人的是这种传统手工酒。一个重要原因是它的价格便宜，但更重要的是其有着工业酒无法复制的风味。

品鉴

香蕉啤酒扮演着重要的社会角色：男人，当然也有妇女，在高兴或闲谈时，聚集在当地酒吧（一种类似咖啡馆的地方），享用香蕉啤酒。他们用葫芦喝酒或是用一根吸管从小玻璃瓶里吸取。和香蕉一样，香蕉啤酒能给人带来活力，这种活力比传统啤酒更带劲儿。

哪里有香蕉，哪里就有香蕉啤酒。

——俗语

几个历史瞬间

19世纪 → 21世纪

19世纪	21世纪
早期欧洲探险家用雕刻画描绘了香蕉啤酒的手工制作过程。	多个工业香蕉啤酒品牌问世。

在非洲部分地区，手工香蕉啤酒的价格只有工业酒的一半。

香蕉树
（小果野生蕉）

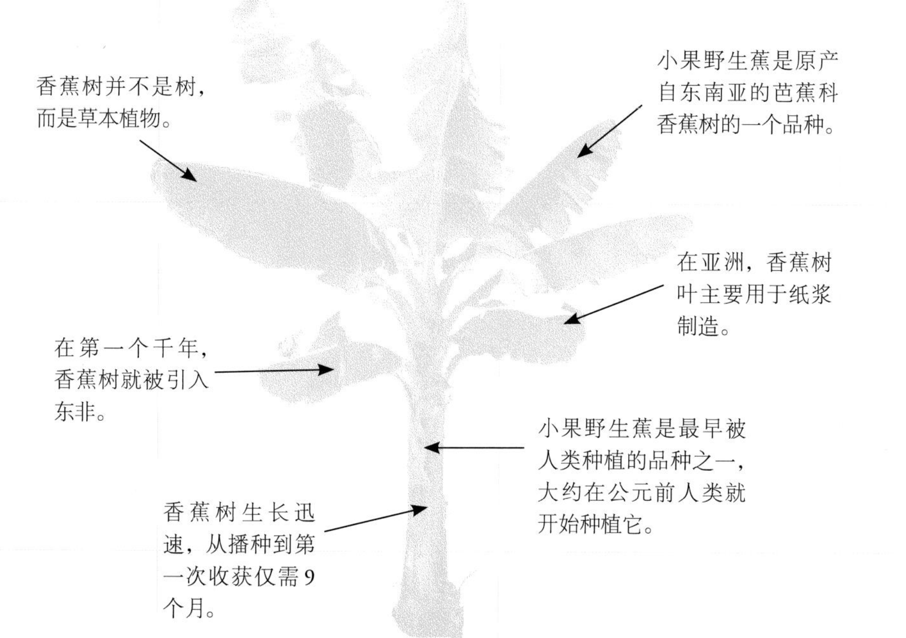

南非
皮诺塔吉酒

皮诺塔吉是有勃艮第和地中海血统的杂交葡萄品种，是南非葡萄酒的旗手。

皮诺塔吉酒之都
斯泰伦博斯

年产量
（单位：万升）
1 500

酒精度
14度

标准瓶装
（750毫升）价格
15欧元

起源

斯泰伦博斯大学的研究员亚伯拉罕·佩罗德曾经想培育一种适应南非气候的新葡萄品种：它兼具黑皮诺的细腻和神索的结实、高产。1952年，皮诺塔吉在大学的实验室园诞生了。这个名字集合了它生物学双亲的名字。结果是惊人的：早熟，浓黑，富含黑皮诺和神索都没有的单宁。尽管当时的葡萄种植者只承认赤霞珠和西拉，对皮诺塔吉仍有顾虑，但用皮诺塔吉酿造的葡萄酒多次获得国家一等奖，这足以使它流行起来。因此自20世纪60年代起，它成为以其独特性和民族性而广受赞誉的葡萄品种。很快，皮诺塔吉就占领了6%的南非葡萄园，还吸引了澳大利亚、新西兰、美国、以色列和巴西的一些葡萄种植者，但它的主要种植地还是在它的故乡。

品鉴

皮诺塔吉具有双重性，因为高产且抗病害能力强，它可以用来酿造普通但丰厚的红葡萄酒，但如果生产过程细致、严格，它的表现会让人惊奇。它既可以进行单一酿造，也可以进行“开普式调配”酿造，即把在南非很受欢迎的几个红葡萄品种放在一起酿造，这种方法也可以用于酿造桃红葡萄酒。

皮诺塔吉酿造的葡萄酒有劲儿、醇厚，呈漂亮的深紫色，果香浓郁。大多数皮诺塔吉酒需在上升期饮用，一些优质产区的皮诺塔吉酒可以在开瓶前存放10~15年。它们与烤肉、酱汁菜和软奶酪十分相宜。

> “皮诺塔吉属于南非，就像威士忌属于苏格兰。”
>
> ——格言

几个历史瞬间

1925年：亚伯拉罕·佩罗德让两个葡萄品种杂交，培育了皮诺塔吉。

1953年：以皮诺塔吉酿造的葡萄酒首次装瓶。

1960年：南非掀起皮诺塔吉的种植热潮。

1990年：南非葡萄酒开始在世界范围内为人所知。

在南非，神索一度被误认为埃米塔日葡萄，尽管神索也种植在罗讷河谷，但种植在葡萄园的其实是西拉。

皮诺塔吉的香型

留尼汪岛
朗姆酒

作为印度洋地区朗姆酒生产的先驱，波旁岛经历了糖和朗姆酒产业的黄金时代。今天，当地的朗姆酒生产仍然非常兴盛。

留尼汪朗姆酒之都
留尼汪岛

年产量
（单位：万升）
1 000

酒精度
40~55 度

标准瓶装
（700 毫升）价格
15 欧元

起源

要更好地了解留尼汪岛的朗姆酒历史，必须追溯甘蔗的历史。17 世纪，该岛最早一批殖民者在岛上种下了甘蔗。将甘蔗在磨坊中榨出甜汁，发酵，便得到最早的甘蔗烧酒。19 世纪，岛上的制糖业发展迅猛，蒸馏厂成倍增长——120 家制糖厂供应着 40 家蒸馏厂。另外，由于出口需求扩大，朗姆酒产业壮大了。于是人工“农业”朗姆酒生产（通过鲜榨甘蔗汁酿造）转变为“传统”或“工业”朗姆酒生产（用糖蜜、炼糖留下的液体和残渣酿造）。该岛是整个印度洋唯一的朗姆酒出口地。1928 年岛上有 31 家蒸馏厂，1945 年就只有 14 家了。新的生产技术促使生产者合并，如今岛上仅有 2 家大型制糖厂和 4 家蒸馏厂。虽然朗姆酒品牌众多，但无非是从这几家蒸馏酒厂买朗姆酒，再贴上自己的品牌出售罢了。著名的夏雷特朗姆酒就是这样的。

品鉴

4 家蒸馏厂都生产传统的白朗姆酒（绝大部分）、农业朗姆酒、琥珀色朗姆酒和老朗姆酒，有些厂提供有年份标记的高级系列或“单桶原酒”（从单一酒桶装瓶）。

调配型朗姆酒是留尼汪岛的最大特色。把水果、香草、香料或树皮浸泡在白朗姆酒里一段时间，朗姆酒会在好几个月里都带着这些植物的香气。它酒劲儿大，微甜，通常作为餐后酒饮用。别把它和潘趣酒混淆了，潘趣酒更柔和、更甜，是开胃酒。

几个历史瞬间

17 世纪	1704 年	1884 年	1972 年
法国殖民者开始种植甘蔗。	最早一批蒸馏器被运到岛上。	制糖业发展迅速。留尼汪岛开始大量生产并向大陆城市输入它的朗姆酒。	朗姆酒品牌“夏雷特朗姆酒”诞生并大获成功。

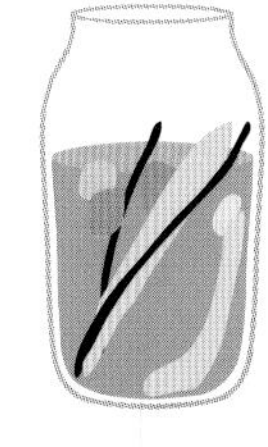

独家调制朗姆酒

1 升白朗姆酒
2 个香草荚
3 根桂皮
150 毫升糖浆
3 种热带水果
（菠萝、香蕉、百香果……）

把水果随意切成大块，放入大罐子里。把香草荚拍裂，和肉桂一起加入罐中。加入糖浆，并注满朗姆酒，然后将罐子避光静置至少 3 周。冷藏饮用！

夏雷特传奇

1972 年，岛上所有生产者决定整合他们的产能，制造一款有统一商标的朗姆酒，于是夏雷特朗姆酒诞生了。那个商标如今已很有名，主体背景是绿色，中间是一个农民赶着一辆满载甘蔗的牛车。无论是留尼汪岛上的人还是大量消费朗姆酒的法国大陆的人，都把夏雷特朗姆酒当作留尼汪岛的象征。数据证明：这是留尼汪岛出口最多的产品，是法国本土销量第二的朗姆酒——着实是留尼汪岛的象征。

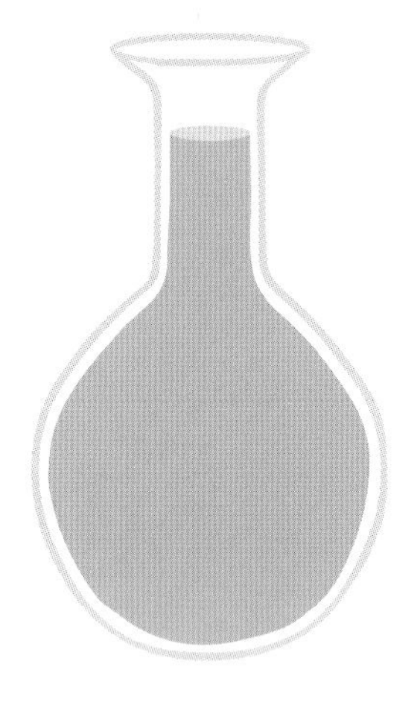

埃塞俄比亚 特吉酒

埃塞俄比亚是人类的发源地，它的特吉酒是一种加入格索叶的芳香蜂蜜酒，或许是世界上最早的酒精饮料之一。

特吉酒之都
贡德尔

酒精度
6~15度

标准瓶装（700毫升）价格
5欧元

起源

特吉酒是用蜂蜜在水中发酵，然后加格索叶调香得到的饮料，也是埃塞俄比亚自古流传的饮料，有着琥珀色的酒体，被一些人认为是世界上最古老的酒精饮料。今天，它在埃塞俄比亚是与咖啡比肩的国民饮料。它曾经是贵族、国王和王子的饮料，后来逐渐平民化，与一种叫作特拉的传统棕色啤酒一起成为全国销量最大的酒精饮料。它完全保留了礼仪性用途，特别是在部落仪式中。

它保留了礼仪性用途，特别是在部落仪式中。

在这个有90种语言的多元文化国家里，特吉酒的主要消费群体是埃塞俄比亚基督教社区。

品鉴

人们在“特吉酒贝”（特吉酒之家）中喝特吉酒，埃塞俄比亚各地几乎都有“特吉酒贝”，西北地区最多。特吉酒有三种：清淡型、中等型和浓烈型。清淡型特吉酒只有6度，味道很甜；浓烈型特吉酒有12~15度，味道更酸，有蜂蜜、花和木头的浓烈香气。

特吉酒装在一个圆形长颈玻璃瓶里，这种玻璃瓶叫贝赫勒，每个埃塞俄比亚基督教家庭都有。

特吉酒可以单独饮用，但向来是搭配“生肉浸辣汁”饮用的。

> 第一杯特吉酒跟第一口蓝纹奶酪或第一瓶浓啤酒一样迷人。
>
> ——美食博客“追酒客”

特吉酒的质量通常取决于其被消费的社会环境。

特吉酒独家配方

500 毫升白葡萄酒

500 毫升水

60 毫升蜂蜜

1

开小火加热平底锅中的水和蜂蜜，搅拌至混合物看起来浓稠光滑。

2

待混合物冷却后，将其倒入密封容器中，然后冷藏 1 小时。

3

把葡萄酒加入混合物中，然后把所有原料倒入滗析器中，充分搅拌。

4

让饮料稍微冷却后倒入杯中，即可享用。

格鲁吉亚橙酒

黎巴嫩中东亚力酒

亚洲

考古学家已证实，最古老的酒精发酵痕迹在亚洲。它可以追溯到距今 1 万多年前的新石器时代。早在 10 世纪，阿拉伯人率先通过蒸馏液体来生产香水。水稻种植深深根植于亚洲文化中。这也解释了为何酒在这里随处可见。在西方，酒是庆祝活动的同义词，而在亚洲，酒更多地与日常生活息息相关——特别是在商务餐中。

蒙古马奶酒
韩国烧酒
日本
威士忌
中国葡萄酒
日本烧酒
日本清酒
中国白酒
中国黄酒
巴厘岛阿拉克

黎巴嫩

中东亚力酒

中东亚力酒是中东地区最具代表性的酒精饮料。它以葡萄酒为主要原料，并用茴香调香。几个世纪以来，在黎巴嫩人的餐桌上，人们待客解渴都离不开它。

中东亚力酒之都
扎赫勒

年产量
（单位：万升）
300

酒精度
40~55度

标准瓶装
（700毫升）价格
30欧元

起源

中东亚力酒是一种古老而流行的烈酒，在各个国家有差别——在中东地区叫阿拉克酒，在拉丁美洲叫烧酒。它常见于土耳其、叙利亚、约旦、以色列和黎巴嫩。但最有名的中东亚力酒仍然是黎巴嫩有茴香味的葡萄烈酒，它是黎巴嫩民族美食的真正象征。

中东亚力酒是一种古老而流行的烈酒，在各个国家有差别——在中东地区叫阿拉克酒，在拉丁美洲叫烧酒。

中东亚力酒是用发酵的葡萄汁生产出来的，其生产过程刚开始时类似葡萄酒，不过后面就不一样了——发酵以后的葡萄汁要与茴香籽一起经过三次蒸馏，接着装进黏土壶，在地窖里放置至少12个月。在黎巴嫩的许多村庄，中东亚力酒都是家庭制作的，主要集中在基督教社区、贝卡平原和扎赫勒地区。扎赫勒地区贡献了3/4的黎巴嫩中东亚力酒产量，这个地区因葡萄园闻名：葡萄园有900米长，每年日照时间长达260天。中东亚力酒使用的葡萄主要来自本地葡萄品种：欧贝迪。

品鉴

与外形相似的茴香酒不一样，中东亚力酒不是开胃酒，而是佐餐酒。它可以兑水或者加冰饮用：通常是一份水兑一份中东亚力酒或者两份水兑一份中东亚刀酒。勾兑后的中东亚力酒呈乳白色，这也成为中东亚力酒的特征。它最棒的搭配是传统的黎巴嫩菜：羊肉串、鹰嘴豆、茄子鱼子酱、新鲜蔬菜沙拉……

中东亚力酒是佐餐酒。

“尝过中东亚力酒的人永远忘不了它的味道。”

——黎巴嫩俗语

几个历史瞬间

公元前6000年 黎巴嫩有了最早的葡萄种植痕迹。

8世纪 在新月沃地，有最早的制酒相关的手抄记录或蒸馏器的冷凝记录。

1937年 法律规定中东亚力酒是将榨出的葡萄汁和茴香籽一起蒸馏后得到的酒。

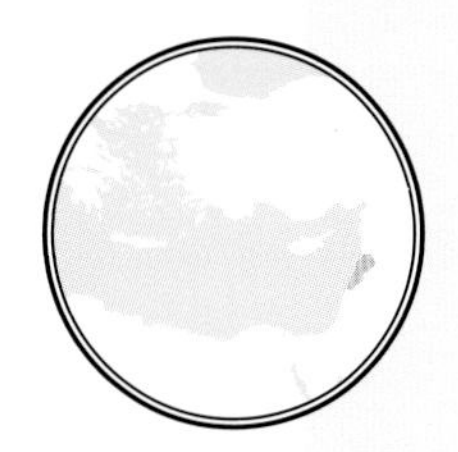

黎巴嫩葡萄产区图

中东亚力酒在扎赫勒地区被称为“勇敢者的牛奶”。

格鲁吉亚
橙酒

格鲁吉亚葡萄酒大约有 8 000 年的历史，是历史最悠久的酒精饮料之一。

橙酒之都
泰拉维

年产量
（单位：万升）
17 000

酒精度
12~13度

标准瓶装价格
15欧元

起源

格鲁吉亚一只脚在欧洲，另一只脚在亚洲，有着复杂的多元文化。这个小国曾历经波斯人、罗马人、拜占庭人、阿拉伯人、蒙古人和俄罗斯人的统治，拥有非凡的遗产和历史。目前，格鲁吉亚被认为是世界葡萄酒的发源地，在这里葡萄酒已成为一种国家荣誉，与国家文化紧密地联系在一起。格鲁吉亚是为数不多的由家庭生产葡萄酒并供个人消费的国家之一。

像许多种植葡萄的国家一样，格鲁吉亚也需要把本土葡萄品种与外国葡萄品种区分开来。历史总是相似的：20 世纪 80 年代，格鲁吉亚曾经随处可见的本土葡萄品种被各种各样的外来葡萄品种代替。近年来，在年轻一代的葡萄种植者、大胆的侍酒师和好奇的消费者的推动下，格鲁吉亚本土葡萄品种重回舞台中央，成为国家葡萄酒的标志。

品鉴

橙酒（也称琥珀酒）在侍酒师和葡萄酒爱好者中很受欢迎，它是用红葡萄酒酿造方法酿制的白葡萄酒，即浸泡的是带皮葡萄，因此酒体颜色鲜明，有时候是橙色的。通常橙酒也有红酒才有的单宁香气，香气浓郁，在口齿间留香时间长，会让任何一个葡萄酒爱好者激动！

> 在格鲁吉亚，葡萄就像孩子一样被抚养长大，被倾注了柔情与耐心。
>
> ——帕斯卡尔·雷尼耶，历史学家

几个历史瞬间

公元前 6000 年	1945 年	2006 年	2013 年
出现葡萄汁发酵的最早痕迹。	雅尔塔会议上，斯大林用格鲁吉亚葡萄酒款待罗斯福和丘吉尔。	俄罗斯对格鲁吉亚葡萄酒实行禁运。葡萄酒酿造者必须寻找新的市场并专注于产品质量。	格鲁吉亚葡萄酒罐被联合国教科文组织列入《非物质文化遗产名录》。

格鲁吉亚政府试图以科学方法证明格鲁吉亚是历史上最早种植葡萄的国家。对此，他们深信不疑！

格鲁吉亚葡萄园图

世界范围内的橙酒产区

法国

产区：侏罗、卢瓦尔河、西南产区、朗格多克

斯洛文尼亚

产区：戈里齐亚布达尔

葡萄品种：霞多丽

澳大利亚

产区：阿德莱德

葡萄品种：长相思

意大利

产区：北部地区

葡萄品种：灰皮诺

它最初来自格鲁吉亚，但现在意大利、法国、澳大利亚等国的酿酒师也使用它。

它用陶土制成。

它可以容纳3 500升酒。

它从每年10月到次年3月埋在地下。

为了确保水密性，内部涂了一层蜂蜡。

格鲁吉亚葡萄酒罐
奎弗瑞

奎弗瑞是格鲁吉亚有千年历史的传统器皿，是我们使用的储酒木桶的祖先。这个大陶罐可以盛放3 500升葡萄酒，把它装满以后，便可埋入地下数周，以确保葡萄酒在稳定的温度下发酵。一个奎弗瑞通常要密封6个月，但有时人们会在孩子出生那天埋下一个奎弗瑞，待到孩子成婚之日才挖出。

橙酒的香型

格鲁吉亚

葡萄品种：白羽或姆查乌

中国
白酒

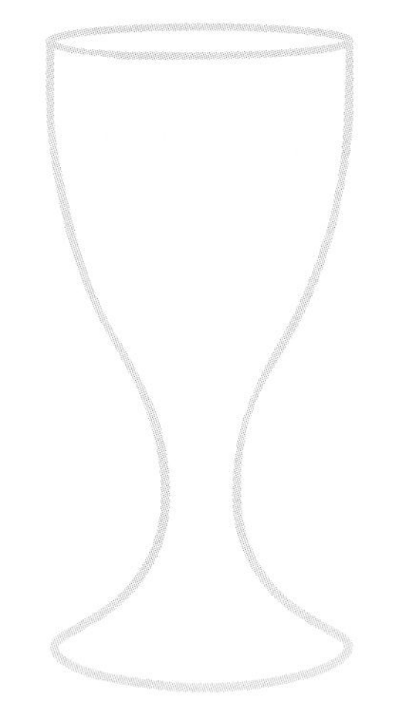

白酒是一种广受欢迎的大众酒，从祭祀到豪华的商务宴中都有它的身影，它能让人们卸下面具。

中国白酒之都
茅台镇

年产量
（单位：万升）
37 500

酒精度
40~65 度

标准瓶装价格
150 欧元

起源

白酒是谷物发酵后经蒸馏而产生的一种酒。谷物的选择取决于产区种植的粮食，一般以高粱为主，辅以大米、小麦和大麦。由于时间和生产要求，某些酒的标价能达到四位数。例如，中国有名的白酒之一茅台，在7个月的制作过程中，要经过8次发酵、9次蒸馏，然后放入桶中陈化养熟4年以上。毋庸置疑，能享用它的是少数人。

谷物的选择取决于产区种植的粮食。

品鉴

喝白酒仍然是中国的传统：95％的年产量用于国内消费。对于西餐而言，白酒的味道既令人愉悦又让人困惑。由于白酒制备技术不同，你在品尝白酒的时候，会感觉到香蕉味、蜂蜜味、李子味、薄荷味或者甘草味等不同的味道。如果你在中国，请务必先斟满邻座的白酒杯。

“白酒红人面，
黄金黑人心。”

——中国俗语

几个历史瞬间

公元前 135 年：茅台镇生产献祭用的谷物利口酒。

1972 年：周恩来和尼克松喝白酒庆贺两国恢复邦交。

中国白酒常见品牌

白酒的香型

在中国，人们常用喝酒的方式打破与陌生人之间的隔阂，酒量常成为酒桌上的挑战项目。

中国
黄酒

我如啤酒般酿造，如葡萄酒般显色，味道又如清酒一般……我到底是谁？

黄酒之都
绍兴

年产量
（单位：万升）
350 000

酒精度
12~20度

标准瓶装
（1升）价格
10欧元

起源

《齐民要术》是中国最古老的农业百科全书，这一资料宝库记载着中国古代的农业技术。它成书于6世纪，记载了37种谷物酒配方，该书中的描述既详细又神奇。这本书强调了黄酒在中国文化中的核心地位。起初，黄酒作为祭酒，是献给祖先和神灵的，后来很快被宫廷普遍消费，接着便流向了民间。因此它可能是引发酗酒浪潮的第一款酒，这一结果的出现必然招致管控：在周代（公元前11世纪）过度饮酒者会被处以死刑。

黄酒在中国文化中处于核心地位。

品鉴

黄酒是一种由谷物发酵形成的非碳酸饮料。这有点儿让人疑惑，因为黄酒的制作方法和啤酒一样（谷物麦芽法），但呈现出类似葡萄酒的味道、外观和酒精度。好几种谷物都可以用，但小麦仍然是必不可少的原料。原料的处理包括三个部分：第一部分是烤制，第二部分是煮熟（小火），第三部分是保持原形态。每个制造者的传统方法赋予每个品牌独一无二的外观。

黄酒是一种由谷物发酵形成的非碳酸饮料。

“花间一壶酒，独酌无相亲。举杯邀明月，对影成三人。”

——李白《月下独酌四首·其一》

几个历史瞬间

公元前**6000**年 → **2006**年

在中国，人们制作了最早的酒精饮料。

绍兴酒的麦芽汁制备技术被列入联合国教科文组织《非物质文化遗产名录》。

俄罗斯
俄罗斯
哈萨克斯坦
蒙古
朝鲜
日本海
北
呼伦湖
齐齐哈尔
哈尔滨
兴凯湖
吉林
长春
沈阳
鞍山
石河子
乌鲁木齐
哈密
库尔勒
北京
大连
天津
石家庄
银川
青海湖
太原
济南
青岛
兰州
黄河
西安
郑州
黄海
长江
南京
成都
长江
武汉
上海
怒江
杭州
绍兴
雅鲁藏布江
拉萨
重庆
南昌
东海
尼泊尔
不丹
印度
长沙
澜沧江
福州
昆明
贵阳
南宁
西江
广州
澳门
香港
缅甸
防城港
太平洋
老挝
越南
孟加拉湾
南海
中国局部地区
黄酒的主要产业
0 150 300 千米
不同类型的黄酒
在中国，黄酒既可以凉饮，也可以热饮，这取决于季节、搭配的菜肴和请你喝酒的人的性格。
荔枝、无花果、蜂蜜
小麦黄酒
樱桃、蜂蜜、木香
糯米黄酒
烟草、核桃、李子干
黍米黄酒

中国 葡萄酒

葡萄从丝绸之路来到中国之后，中国就成为世界上领先的葡萄酒生产国。

中国葡萄酒之都
烟台

年产量
（单位：万升）
11 500

酒精度
14 度

标准瓶装
（750毫升）价格
10 欧元

起源

据说，葡萄酒酿造活动可以追溯到2 000多年前。公元前126年，中国的张骞出使西域（含中亚），从波斯帝国（今乌兹别克斯坦地区）带回了葡萄藤。随着1949年中华人民共和国成立，中国葡萄酒的历史像中国历史一样进入新纪元。2000年，中国的葡萄产量占世界葡萄产量的4%，之后这个比例增大了两倍。中国人对葡萄酒越来越感兴趣，中国国土面积是法国的17倍多，中国葡萄酒的发展不会停下来！位于中国北部的山东是中国最大的葡萄酒产区，其产量占全国的40%。

葡萄酒酿造活动可以追溯到2 000多年前。

品鉴

关于中国人喝葡萄酒这件事，存在许多偏见："他们喝葡萄酒是整杯一饮而尽""他们买欧洲人已经不要的那些葡萄酒"……中国人是最新的生产者和消费者，正在形成自己的特点。他们研究博纳、兰斯和波尔多，效果显而易见。从葡萄品种的选择到木桶养熟的全部系统，波尔多的影响无处不在。生产者现在有必要摆脱欧洲的教条，形成自己的风格。要考虑自然条件，它可以成为酒的标志。在这个维度上，红葡萄酒可以呈现更多的地域风情，散发椰子和番石榴之类的香气。

波尔多的影响无处不在。

> “中国人已经掌握了葡萄酒的酿造技术，但缺乏对风土的研究，不能把土壤、葡萄品种和气候有机地结合起来。”
>
> ——尼古拉·卡雷，现居北京的侍酒师

几个历史瞬间

公元前100年 → **1949年** → **2014年**

公元前100年：中国出现了最早的葡萄酿造痕迹。

1949年：中华人民共和国宣告成立。

2014年：中国成为世界上第二大葡萄生产国。

中国的葡萄产量居世界第二位，但仅有10%的葡萄用于酿造葡萄酒。不过，它仍然是世界第九大葡萄酒生产者。

中国葡萄酒的香型

蒙古
马奶酒

蒙古马奶酒介于食物与饮料之间，这种发酵的马奶是蒙古美食的象征。

马奶酒之都
乌兰巴托

年产量
（单位：万升）
13 200

酒精度
2.5 度

起源

传说这种饮料是在马背上诞生的。牧民挤出马奶后，将其放进由动物皮制成的皮囊中。在回来的路上，马的奔腾搅动了奶液，当马到达帐篷时，牧民发现了一种白色、有泡沫且略带酒精的饮料：马奶酒。如今，我们把马奶与前一年的多酵液混合后，放在一个巨大的牛皮袋中，然后手动用力搅拌，直至混合液乳化：这是发酵的开始。马奶酒就像手上供养的酒。有人喝了，便要用预制的马奶续上，以保持恒定的奶量。马奶桶放在房间的中间，每个人路过它，就搅拌一会儿马奶，以保持发酵的状态，发酵活动可以延续一整季！

马奶酒就像手上供养的酒。

品鉴

在蒙古，马奶酒主要是男人在聚会或举行祭祀仪式时饮用的酒。如果你去蒙古做客，主人就会先给你点烟，然后献茶，再献马奶酒。马奶酒可以用驴奶、骆驼奶或马奶酿造。马奶富含乳糖，是最适合发酵的奶，所以用得最多。马奶酒是一种白色、略带气泡的酒精饮料，味道有点酸或者可以说有点苦。虽然闻着不香，但马奶酒喝起来很舒服。

它是一种白色、略带气泡的酒精饮料。

“马奶酒营养丰富，令人振奋，使人强壮，充满刺激。”

——希罗多德（公元前 484—公元前 425），希腊历史学家

几个历史瞬间

公元前 400 年

希腊历史学家希罗多德说饮用了蒙古的发酵奶。

1880 年

俄国作家列夫·托尔斯泰写到想用马奶酒缓解乡愁。

马奶酒的香型

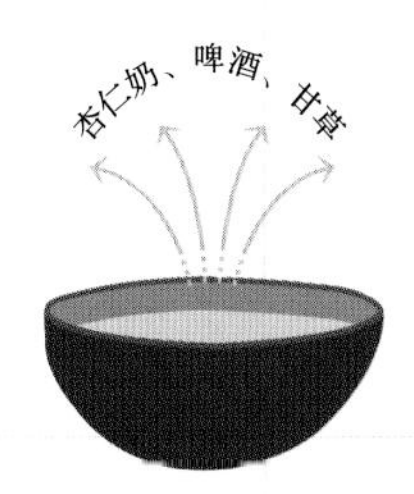

马奶酒

人们给婴儿喝马奶酒，但不给孕妇喝。在蒙古的两家医院，马奶曾被当作治疗结核病的一种手段。

马奶酒根据发酵时间变化

年轻马奶酒

发酵 1 天
甜，稍酸，少酒精
酒精度：0.1~0.3 度

马奶酒

发酵 2 天
比较酸，少酒精
酒精度：0.2~0.5 度

老马奶酒

发酵 3 天
浓香，很酸，酒精较多
酒精度：大约 3 度

韩国
烧酒

所有的韩国人，不论阶层、不论年龄、不论场合，都十分热衷于喝烧酒。这是真实的社会现象。

烧酒之都
开城

年产量
（单位：万升）
90 000

酒精度
20~45度

标准瓶装
（350毫升）价格
2欧元

“在韩国，每个人都喝烧酒。烧酒是没有阶层之分的饮料，穷人、富人都喝。在商务晚宴或朋友聚会中，人们举杯相碰，飞快地干掉杯中的酒。”

——郑成坤，“北塞居村”餐馆厨师，巴黎十三区

起源

13世纪是蒙古人统治亚欧大陆的鼎盛时期，版图横跨亚洲和欧洲大部分领土，在这片文化丰富多样的土地上，蒙古人的祖先促进了人员流动和技术传播。他们从波斯人那里得到的蒸馏技术，一直传到韩国：这里，人们从13世纪就开始从大米中蒸馏一种酒，此时的酒仅供医用。

这是一种真实的社会现象。

今天，烧酒不仅可以用大米制取，还可以用其他“有淀粉的”原料制备，比如红薯、木薯或废糖蜜。烧酒的容器很有辨识度：一种绿色的小瓶子，销量很高。

这是一种真实的社会现象：韩国人在各种场合都可能喝烧酒，且很少加以克制。根据《石英石》杂志的研究，韩国人每周平均消费13.7杯烧酒，差不多是俄罗斯人的伏特加消费量的2倍。

品鉴

这种烧酒的消费是一种只在韩国出现的社会现象。在路边摊上，朋友相伴，酒下去得很快，这种酒的销量很大。尽管这种浅色的酒被一些韩国人过度消费，但它并没有形成一种风俗——没有人独自喝烧酒，您的酒杯很快会被斟满，因为让客人的酒杯空着是极不礼貌的。“干杯后把杯子翻过来”是一种传统，当您的邻桌喊出“干杯”，或者表演了“一口闷”，这就意味着他向全桌人提出挑战，大家都要一口气喝完自己的杯中酒。轮到您照做了！

几个历史瞬间

13世纪 → **1919年** → **20世纪中后期**

- 13世纪：韩国人从蒙古人那里学会了蒸馏技术。
- 1919年：平壤出现了第一家烧酒厂。
- 20世纪中后期：此时为韩国大米配给制时期。烧酒不再用大米制取。

韩国烧酒的主要品牌

13 世纪，开城是朝鲜第一座建立烧酒厂的城市，其酿酒技术是从蒙古人那里学来的——蒙古人又从波斯人那里学来如何制作阿拉克酒（茴香味烧酒）。因此在开城及其周边地区，烧酒又称为“阿拉克酒”。

日本
威士忌

谁说威士忌只说英语？在不到100年的时间里，日本已经被认为是麦芽星球的主要参与者了。

日本威士忌之都
京都

年产量
（单位：万升）
6 800

酒精度
40~50度

标准瓶装
（1升）价格
40欧元

起源

竹鹤政孝被认为是“日本威士忌之父”。1923年，他在苏格兰学习两年以后，把时间和知识都投入日本列岛第一家蒸馏厂的创建中。日本人将苏格兰传统与日本一贯的严谨、精确作风相结合，生产了世界上最具价值和最受欢迎的威士忌之一。温和的气候，纯净的水资源，优良的泥炭地构成了有利于酿造超凡美酒的风土。威士忌市场仍然少有参与者，头部公司占据了最大份额：三得利集团的威士忌产量占日本60%。

日本是有利于酿造超凡美酒的风土。

品鉴

日本威士忌以甜美、和谐而著称，是入门威士忌的绝佳选择。不要以为这种轻盈感意味着酒毫无个性。这个年轻的威士忌生产国之所以能站稳脚跟，是因为每个酒庄都创造了自己独特的技法。日本人品尝威士忌喜用高球杯：1杯威士忌，几个冰块，4杯蒸馏水或苏打水。这种既简单又大众的鸡尾酒杯是日本最近的一项营销发明，用来刺激餐宴中威士忌的消费。我们建议您在常温下品尝威士忌，不加冰块，但可以加少量水，这样有利于威士忌释放出香气，又不会稀释酒。

它是入门威士忌的绝佳选择。

“如果把苏格兰纯麦芽酒比作山间沸腾的溪流，香气和味道此消彼长，各有各的位置，那么日本麦芽酒就是一片清澈的湖泊，一览无余。”

——戴夫·布鲁姆，威士忌专家

几个历史瞬间

1854年 美国人马修·佩里送了一瓶波旁酒给日本天皇。

1923年 第一家日本威士忌蒸馏厂成立。

1984年 第一次生产日本单一麦芽威士忌。

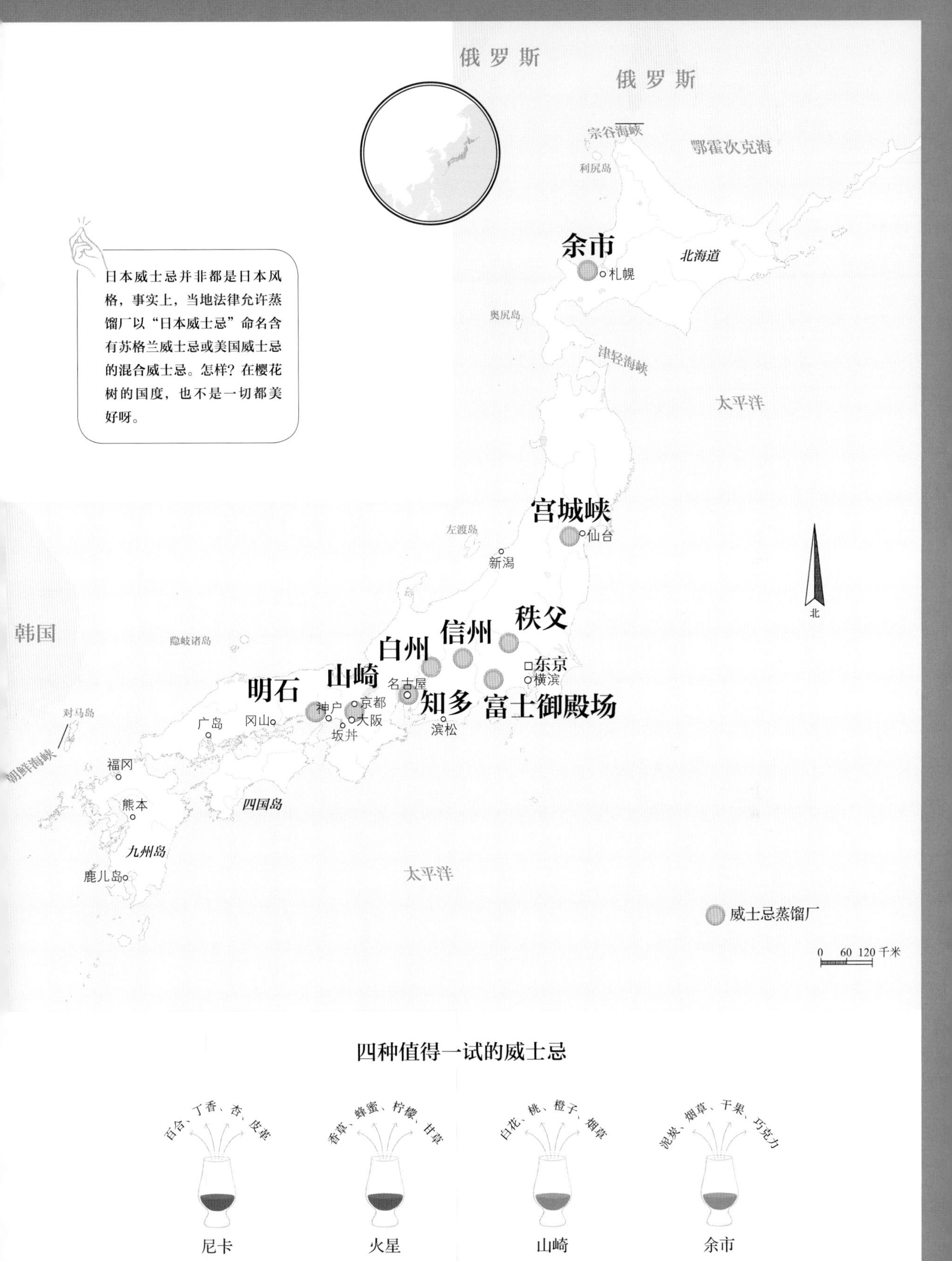

四种值得一试的威士忌

尼卡	火星	山崎	余市
来自木桶	宇宙系列	12 年	单一麦芽
日本果汁株式会社	信州蒸馏厂	山崎蒸馏厂	余市蒸馏厂
调和型威士忌	调和型威士忌	单一麦芽威士忌	单一麦芽威士忌

日本
清酒

日本清酒采用了丰富的祖传技艺，是日本最具代表性的传统饮品。

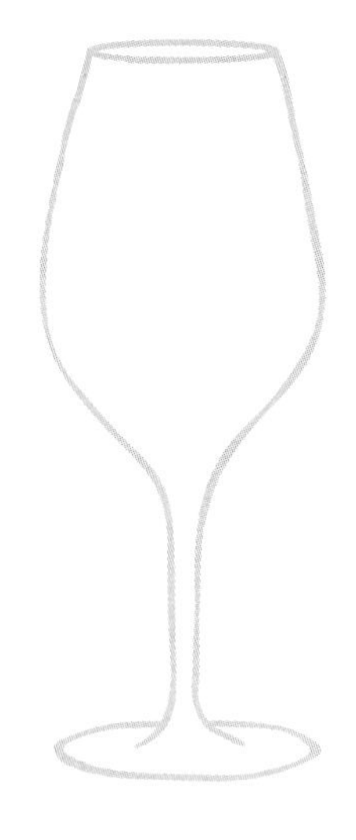

日本清酒之都
西条市

年产量
（单位：万升）
1 100

酒精度
13~20度

标准瓶装价格
15欧元

起源

日本的樱花树并不结樱桃。因此，生产本地酒需要想象力。日本列岛的酿酒者把目光转向了大米。2 000年前，在大米还没成为能喝的清酒时，你必须咀嚼它。唾液能够将大米中的淀粉转化为糖，进而使其发酵产生酒精。后来生产者发现，“麴”这种微小的真菌能够把大米中的淀粉转化为糖，然后使其发酵。

清酒大师的技术、水质和大米的质量都是清酒品质的关键。磨米的程度是一个重要因素——米磨得越细，清酒越细腻。一些清酒仅用大米发酵产生了酒精（纯米酒），还有一些靠纯酒精强化（称为本酿造酒）。最好的清酒是标记年份的：要标注大米收获的日期。

品鉴

清酒是日本的骄傲，在日常生活中以及在宗教和节日仪式上都很常见。清酒有两大系列：第一种不太酸，带有花香和果香；第二种酸味更浓，蕴含谷物的香味，结构更丰富。葡萄酒要看葡萄品种，清酒要看大米种类。日本有50多个大米品种。清酒米与食用米不一样，前者个头更大，蛋白质含量低，但富含淀粉。清酒的香型也很特别：荔枝、李子、白松露、碘和栗子的香气都有。这是世界上唯一一种在饮用温度上非常多样的酒，既可以在5℃冷藏后喝，也可以在55℃滚热的时候喝。在不同温度下喝同一种清酒，可以挖掘这种饮料的丰富性。

“清酒为身，俳句为心。”

——种田山头火，日本作家

几个历史瞬间

1世纪 → **10世纪** → **12世纪**

1世纪	10世纪	12世纪
日本先后出现了水稻种植和清酒。	一本佛教文集记述了十大清酒。	佛寺和神社是酿造清酒的主要场所。

日本清酒主要地区/产区地图

清酒的不同温度

同一种清酒在不同温度下饮用，有不同的香味。在日语中，每一种温度的清酒都有一个词。

5℃，雪冷——像雪一样冷
10℃，花冷——樱花时节的倒春寒
15℃，凉冷——像春风一样凉爽
20℃，冷——温和
30℃，日向烫——阳光般温暖
35℃，人肌烫——体温
40℃，温烫——温泉般温暖
45℃，上烫——持续散发的热力
50℃，热烫——有刺激地热
55℃，极烫——非常热

日本
烧酒

跟人们想的不一样，日本人喝烧酒比清酒多。

日本烧酒之都
福冈

年产量
（单位：万升）
83 300

酒精度
20~35 度

标准瓶装价格
40 欧元

起源

日本烧酒最初产于九州岛，现在日本各地都可以生产了——南方炎热的天气更适合制作日本烧酒。任何含有淀粉的食物都可以用来制作日本烧酒，因此它有一个外号叫“日本伏特加”。不过日本烧酒比俄罗斯烈酒的酒精度低一些，通常只有25度，选择的原料主要还是小麦、大米、荞麦或者红薯，较少用玉米、花生、豌豆甚至海藻作为原料。原料要经过发酵、蒸馏和陈化。与酿造清酒一样，淀粉必须转化为单糖，以便发酵。

日本烧酒的外号叫“日本伏特加”。

日本烧酒的形象在日本社会发生了变化，以前它主要供给乡下年长的劳动者，而现在征服了多样、年轻的城市消费群体。

品鉴

日本烧酒有两个系列：一是本格烧酒，采用一次蒸馏法制备；二是甲类烧酒，采用更工业化的连续蒸馏方式，比本格烧酒略逊一筹。

日本烧酒在国外仍旧鲜为人知，但随着清酒的流行和日本美食的普及，它开始出口到国外。饮用时可以用冷水或者热水勾兑。注意：喝冷的日本烧酒要后加水，但是喝热的日本烧酒要先加水！这样你的饮料才能混合均匀。传统的饮用方法仍然是加冰块喝，在玻璃杯里装三四个冰块，再倒上烧酒。

“红薯烧酒和米烧酒大不相同。”

——坂本由香里，东京厨师

几个历史瞬间

16世纪 → **1605年** → **2019年**

- 16世纪：蒸馏技术传到日本。
- 1605年：红薯传入日本。
- 2019年：日本约有650个烧酒品牌。

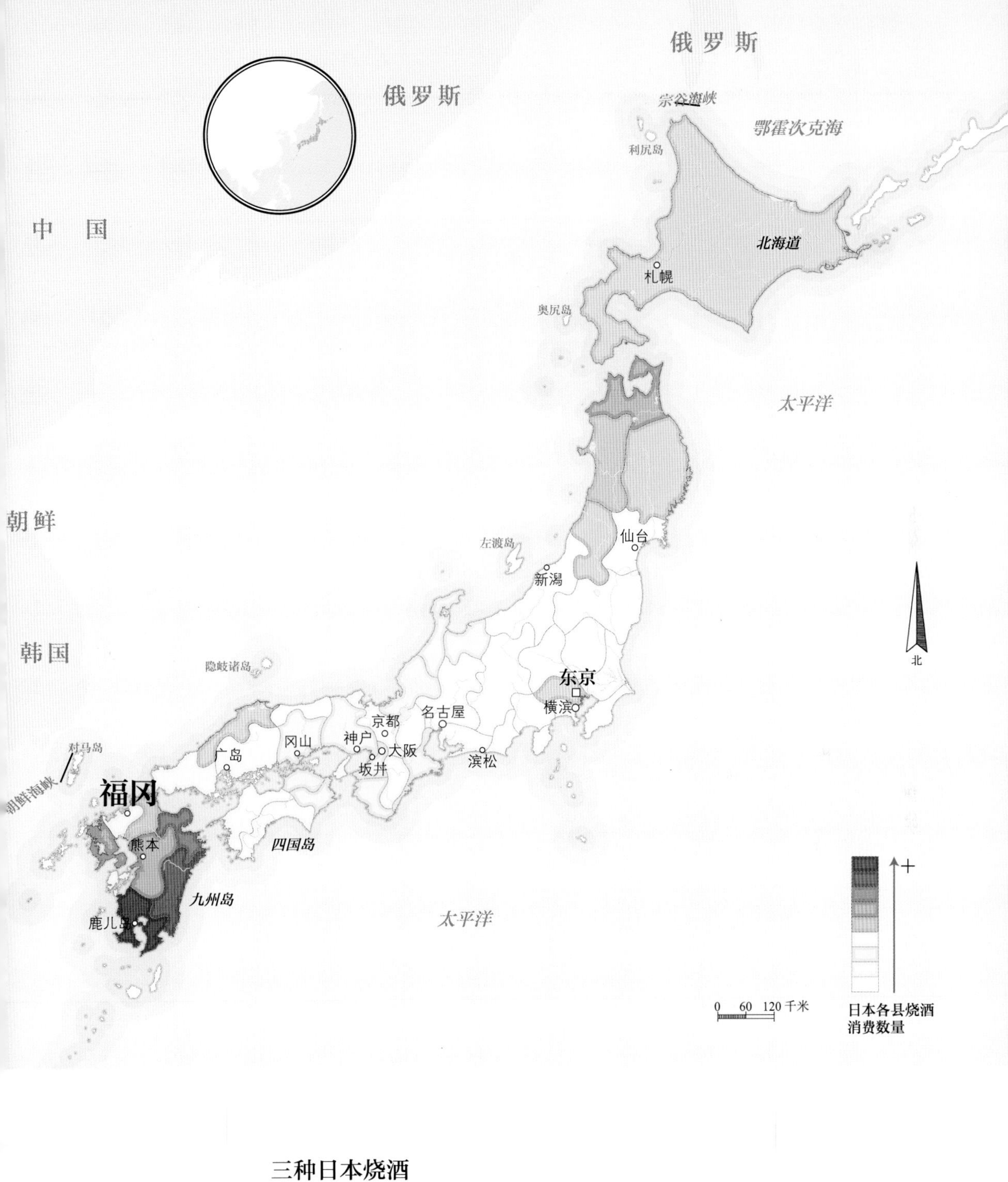

三种日本烧酒

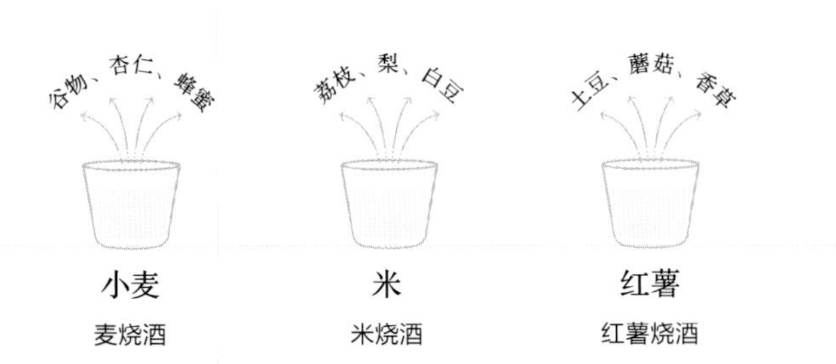

日本人非常重视食材的原始香气。因此，盲品时，小麦烧酒和红薯烧酒很容易区别。

巴厘岛
阿拉克

阿拉克是巴厘岛最受欢迎的烈酒。在印度教诸神审视的目光中，阿拉克伴随着人们生活中的所有时刻。

巴厘岛阿拉克之都
登巴萨

酒精度
35~50度

标准瓶装（750毫升）价格
2欧元

起源

几个世纪以来，尽管阿拉克在印度尼西亚被大量消费，但它的起源尚不清晰。从成分上看（有葡萄、茴香），它与中东亚力酒没有关系。这只是一种从发酵果汁中蒸馏出来的烈酒。而巴厘岛的阿拉克烈酒主要用棕榈汁、椰子制备，而很少用大米，哪怕大米是印度尼西亚十分重要的产品（印度尼西亚人在本土传播阿拉克酒的时候正是崇拜印度教时期，因此他们转而崇拜稻米女神德威·斯莉）。

尽管印度尼西亚各地都喝阿拉克酒，但人们还是认为巴厘岛才是阿拉克酒的制造中心。在巴厘岛东部的村庄里，阿拉克酒采用传统酿造方法。不过由于家庭手工作坊的产品质量差，甚至被指有毒、会致命，因此手工蒸馏和家庭作坊模式逐渐消失。政府试图规范家庭手工作坊生产，促进工业化，提高阿拉克酒的质量，让众多的游客和巴厘岛人满意。

人们还是认为巴厘岛才是阿拉克酒的制造中心。

品鉴

阿拉克酒作为便宜、酒劲儿大的酒精饮料，最常见的饮用方式是混合饮用，主要有两种：与水、蜂蜜、青柠檬汁混合成“玛杜阿拉克”；与石榴汁混合成“进击阿拉克”。印度教的宗教仪式中普遍使用它——大量品牌的阿拉克酒都用印度教神像进行装饰。阿拉克酒也走进了各大酒店，搭配有果味和甜味的鸡尾酒供西方游客品尝。

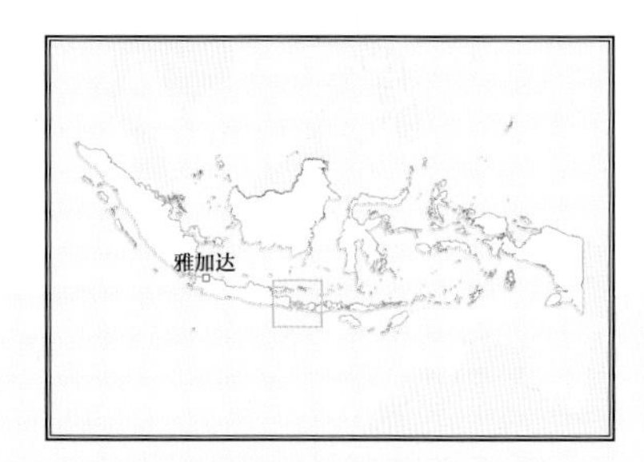

玛杜阿拉克

50 毫升阿拉克酒
20 毫升青柠檬汁
20 毫升蜂蜜
10 毫升水

把所有材料与冰块混合，用柠檬片装饰。即可品尝！

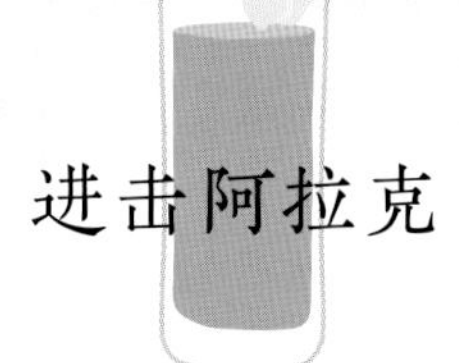

进击阿拉克

40 毫升阿拉克酒
10 毫升石榴汁
橙汁

把阿拉克酒和石榴汁放进一个装满冰的玻璃杯中，用橙汁调色，尝尝味道！

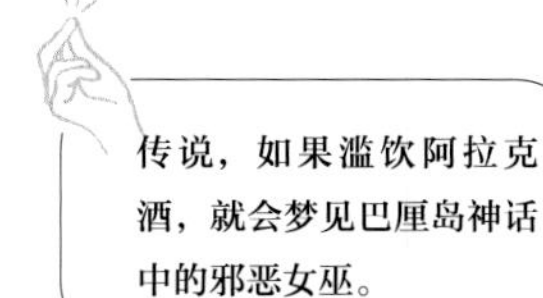

大洋洲

16 世纪初，欧洲人来到地球的这一边。在此之前，由于缺乏文字材料，该地区的历史几乎不可考。新西兰是地球上被人类最后发现的地区之一。这里地域辽阔，但大陆人口密度仅是法国的一半。澳大利亚南部和新西兰的两个岛屿，正是种植葡萄树的肥沃之地。今天，这两个国家都跻身“新世界”葡萄酒最佳生产者之列。

澳大利亚西拉子
葡萄酒

新西兰长相思
葡萄酒

澳大利亚
西拉子葡萄酒

如果只能用一个葡萄品种来代表澳大利亚葡萄园，那就是西拉子，在这片土地上这种葡萄也只能叫作西拉子。

澳大利亚西拉子葡萄酒之都

阿德莱德

年产量（单位：万升）

40 000

酒精度

13~14.5度

标准瓶装（1升）价格

17欧元

起源

1824年，詹姆斯·巴斯比的父母被英国王室派往澳大利亚工作，詹姆斯随同他们前往并利用在猎人谷的殖民地实践他在法国学习的葡萄种植技术。据说他是澳大利亚葡萄种植之父，是他引进了原产于罗讷河谷的葡萄品种西拉——澳大利亚人为它取了一个近似的名字“西拉子”。它是澳大利亚种植最广泛的葡萄品种（占40%），种植面积远远超过赤霞珠、霞多丽、雷司令和赛美蓉，这归因于其对澳大利亚多样气候的强大适应能力。但是西拉子在塔斯马尼亚州种植很少，那里的气候更冷。西拉子在墨尔本周围的维多利亚州和玛格丽特河西端的葡萄园中种植很多，但以阿德莱德西北部巴罗萨谷的质量为首。在这个已成为国家象征的葡萄园里，西拉子尽情地展现着果香、美味与气质。

它是澳大利亚种植最广泛的葡萄品种。

品鉴

西拉子可以单独酿造葡萄酒，也可以与赤霞珠、慕尔怀特和歌海娜等葡萄品种混合酿造葡萄酒。它可以用来生产各种品质的葡萄酒——从最好的到最工业化的。澳大利亚最好的红葡萄酒通常仅用西拉子酿造。这一葡萄品种也用于桃红葡萄酒的生产。

西拉子葡萄酒最突出的特点是带着胡椒、李子的香气和紫罗兰光泽的深红色酒体。它最好搭配肉菜——烤羊羔肉、野味、家禽。

“如果要用一个词来总结澳大利亚葡萄酒的精髓，首先跳入脑海的无疑是‘风味’一词。”

——拉斐尔·席尔默，葡萄酒地理学家

几个历史瞬间

1788年 澳大利亚开始种植葡萄。

1832年 詹姆斯·巴斯比从欧洲带回包括西拉子在内的不同葡萄品种。

1839年 澳大利亚南部扩大西拉子种植范围。

2000年 澳大利亚西拉子葡萄酒举世闻名。

澳大利亚西拉子葡萄酒的香型

巴罗萨谷

麦拉伦维尔谷地

玛格丽特河

著名评论家罗伯特·帕克给奔富酒庄2008年葛兰许西拉子打出了满分100分的评分。仅需784澳元，即可品尝这一款世界顶级酒。

新西兰
长相思葡萄酒

当波尔多葡萄在世界的另一端——新西兰开始生长时，它带来了让人意想不到的芬芳美味。

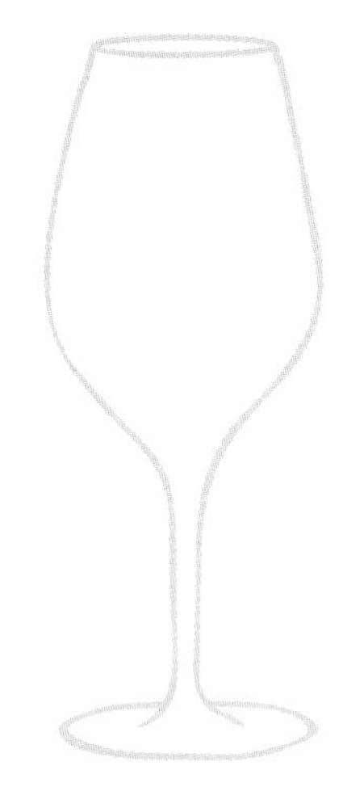

新西兰长相思葡萄酒之都
布莱尼姆

年产量（单位：万升）
21 900

酒精度
13度

标准瓶装（750毫升）价格
15欧元

起源

新西兰在1050年被毛利人占领，1788年又成为欧洲殖民地。当地试种了好几个葡萄品种，但只有法国的葡萄品种适应其风土：黑皮诺、霞多丽和长相思都表现良好。其中，长相思的培育结果尤为喜人，并很快成为新西兰葡萄酒的象征。一个习惯凉爽环境的葡萄品种在一个夏天如此炎热的国家如何能发展起来？由于南阿尔卑斯山脉（不是欧洲的那一个）纵贯新西兰南岛，该岛东侧避开了潮湿的西风——这也是为什么葡萄树集中在岛东部。这种地形导致的温和海洋性季风气候使长相思成熟度好，精密度优异。

新西兰试种了好几个葡萄品种，但只有法国的葡萄品种适应其风土。

品鉴

长相思葡萄在桑塞尔或佩萨克-雷奥良更有名，它给南半球带来了一款葡萄酒——有着百香果、葡萄柚、鲜草和青椒的浓郁香气。新西兰长相思葡萄酒不宜久存，可以保存1~3年，在1~11℃下饮用。我们建议它搭配牡蛎、鱼或山羊奶酪。

“新西兰将为葡萄酒世界做出贡献。”

——塞缪尔·马斯登（1765—1838），新教传教士

几个历史瞬间

1820年 → **1945**年 → **1980**年

1820年：新西兰开始种植葡萄。

1945年：第二次世界大战结束以后，新西兰葡萄园面积翻了一番。

1980年：新西兰跻身“新世界葡萄酒”的最佳生产者之列。

位于新西兰南岛北部的莫尔伯勒区仅有40年的葡萄酒生产历史，但其长相思产量占据新西兰的90%。

根据原产地区分的长相思香型

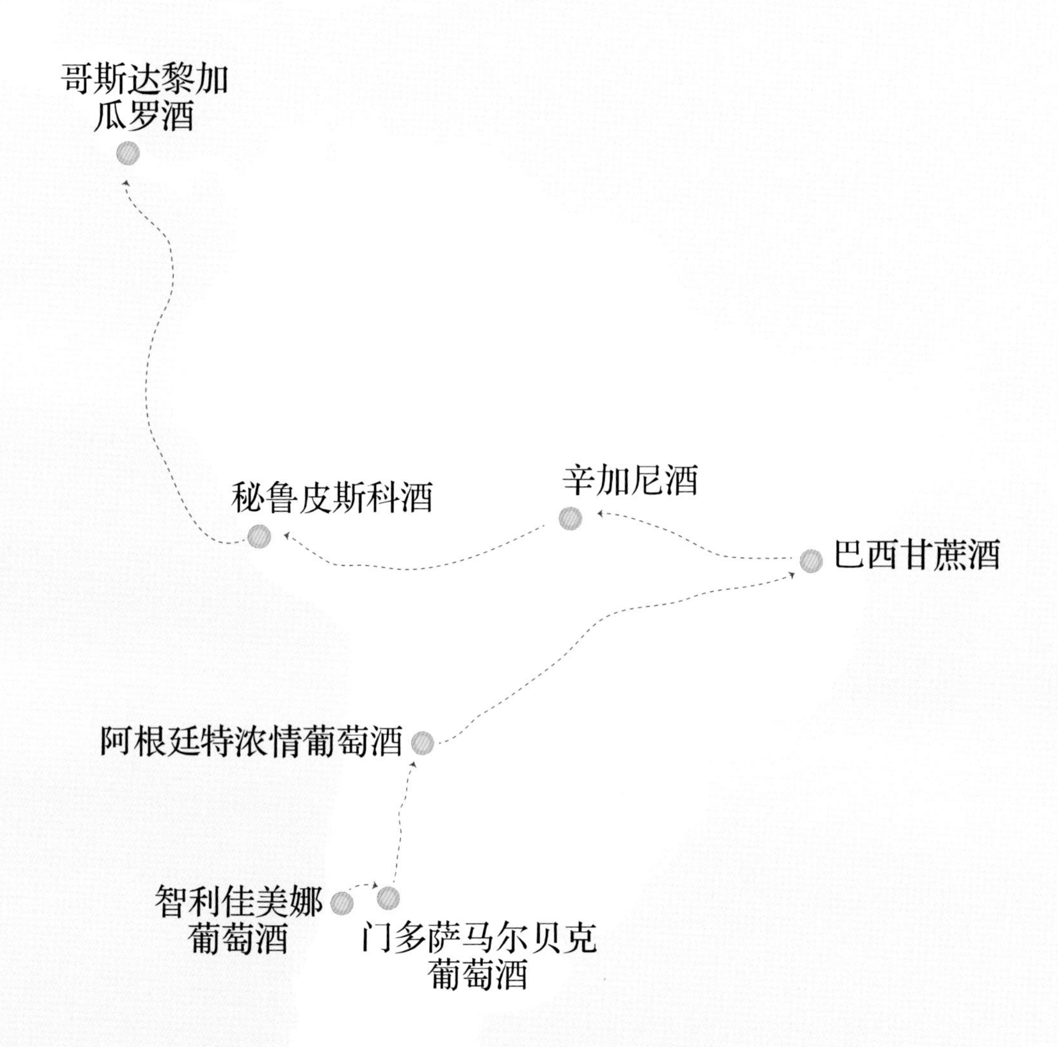
哥斯达黎加
瓜罗酒
秘鲁皮斯科酒
辛加尼酒
巴西甘蔗酒
阿根廷特浓情葡萄酒
智利佳美娜
葡萄酒
门多萨马尔贝克
葡萄酒

拉丁美洲

拉丁美洲原本只有一种服务于宗教的龙舌兰发酵饮料——普尔克。西班牙人到来以后，这里才有了最早的蒸馏工艺。而接下来，西班牙、意大利、葡萄牙和法国的殖民者带着他们国家的葡萄品种、葡萄栽培的知识来到这里。他们很快意识到这块大陆在葡萄酿造业上的潜力，特别是阿根廷的门多萨省。

智利
佳美娜葡萄酒

佳美娜经历毁灭、遗忘、迷惑，然后被重新发现和赞美。它的历史和香气一样丰厚，它一直在智利葡萄园里展现着真实的自己。

佳美娜葡萄酒之都
圣地亚哥

年产量
（单位：万升）
7 700

酒精度
14 度

标准瓶装
（750 毫升）价格
8 欧元

起源

智利佳美娜的故事就是一个有关生存与重生的故事。佳美娜源自波尔多的梅多克产区，也被称为“大藤”，在19世纪末的根瘤蚜灾害中消失了。这种来自美国的昆虫，几乎造成了整个世界葡萄园的毁灭，却放过了智利的葡萄园，使得佳美娜葡萄幸存下来，隐藏在美乐葡萄藤下，被完全遗忘在大西洋外的土地上。1991 年，法国葡萄酒工艺学家、大学老师克劳德·瓦拉在智利一些种植美乐葡萄的土地上发现某些葡萄藤与众不同——葡萄更大，叶片颜色特别，成熟得更慢。经过3年的研究，克劳德·瓦拉最终发现了它们的真实身份：这些是佳美娜的藤，19世纪时由智利的政治家、学者汤·施维斯特·奥卡加威从法国带到智利。这个发现被宣布以后，在智利的葡萄种植者中产生了巨大的影响。他们重新整合土地，要让佳美娜生存下来并大力发展佳美娜，使其成为智利葡萄酒的象征。

品鉴

自佳美娜被重新发现以来，智利的酿酒师一直坚持用100%的佳美娜生产葡萄酒。该酒圆润，色彩艳丽，带有紫色的反光，质地柔和，并有迷人的辛辣味。佳美娜完全成熟时，会散发黑色水果、烟熏和可可的香气。而用早熟的葡萄酿造的酒，则会表现出更多的植物和草本味。尽管佳美娜葡萄酒很难与菜肴完美搭配，但搭配烤红肉和辛辣酱汁十分和谐，力量也会增强。

几个历史瞬间

1548 年 → **1818 年** → **1994 年**

1548 年	1818 年	1994 年
智利开始种植葡萄。	智利独立，并发展自己的葡萄园。	科学证明了智利葡萄园中佳美娜的身份。

阿塔卡马
科皮亚波
南太平洋
瓦斯科
拉塞雷纳
埃尔基
科金博
科金博
奥瓦耶
利马里
乔阿波
北
阿空加瓜
阿空加瓜
圣费利佩
比尼亚德尔马
瓦尔帕莱索
迈波
卡萨布兰卡
圣地亚哥
圣安东尼奥
圣贝尔纳多
科尔查瓜
兰卡瓜
卡恰布
中央山谷
库里科
塔尔卡
马乌莱河
马乌莱
利纳雷斯
伊塔塔
塔尔卡瓦诺
奇廉
康塞普西翁
阿根廷
比奥比奥
洛斯阿拉莫斯
南区
马耶科
考廷
特木科
奥斯塔尔区
瓦尔迪维亚
奥索尔诺
蒙特港
0 50 100 千米

其他 2%
意大利 8%
中国 12%
智利 78%

全世界佳美娜品种分布

佳美娜约占智利葡萄的10%，因此并不是种植最多的葡萄品种，但它最能代表智利的葡萄酒。

门多萨
马尔贝克葡萄酒

马尔贝克葡萄原产自法国西南部，现已投入门多萨高原的温暖怀抱。

马尔贝克葡萄酒之都
门多萨

年产量
（单位：万升）
30 000

酒精度
13~14 度

标准瓶装
（750 毫升）价格
8 欧元

起源

在谈论马尔贝克葡萄酒之前，我们必须提一提阿根廷的葡萄园。在南美洲大陆上阿根廷的葡萄园面积最大。马尔贝克葡萄由于在智利受到人们的喜爱，在智利的葡萄园里被大量种植，以满足消费需求。在大量生产了一段时间的普通葡萄酒以后，阿根廷以智利为榜样，转而生产优质葡萄酒。从1980 年起，随着全世界投资者的到来，阿根廷重组并减少了葡萄园，减小了葡萄种植面积。

门多萨地区集中了 70% 的阿根廷国有葡萄园，主要种植马尔贝克葡萄——1868 年由法国农艺师米歇尔 · 普热从法国引入阿根廷。由于根瘤蚜灾害和霉菌，马尔贝克在法国生长缓慢，但在门多萨找到了理想的风土：阳光、炎热的白天和凉爽的夜晚，一切好似它在法国西南部的故乡。阿根廷马尔贝克葡萄产量占世界的 2/3，可以这样说，这里成了该葡萄品种的首选之地。

品鉴

用马尔贝克葡萄生产的葡萄酒颜色很深（被英国人称为黑葡萄酒），与其说它单宁多，不如说它香气馥郁。如果葡萄采摘于成熟期，酒还会有辛辣味，以及水果干、黑加仑和李子的香气。马尔贝克葡萄酒具有很大的陈化潜力。

在阿根廷，马尔贝克葡萄酒是国民红酒。烧烤时，肉片在炭火上慢慢变熟，此时不可少了马尔贝克葡萄酒。

> “门多萨，阳光和美酒之地。”
>
> ——阿根廷歌曲片段

几个历史瞬间

1551 年 → **1868** 年 → **1980** 年

- 1551 年：阿根廷开始种植葡萄。
- 1868 年：米歇尔 · 普热把马尔贝克葡萄引入阿根廷。
- 1980 年：阿根廷实施质量转向策略，引起国际社会的关注。

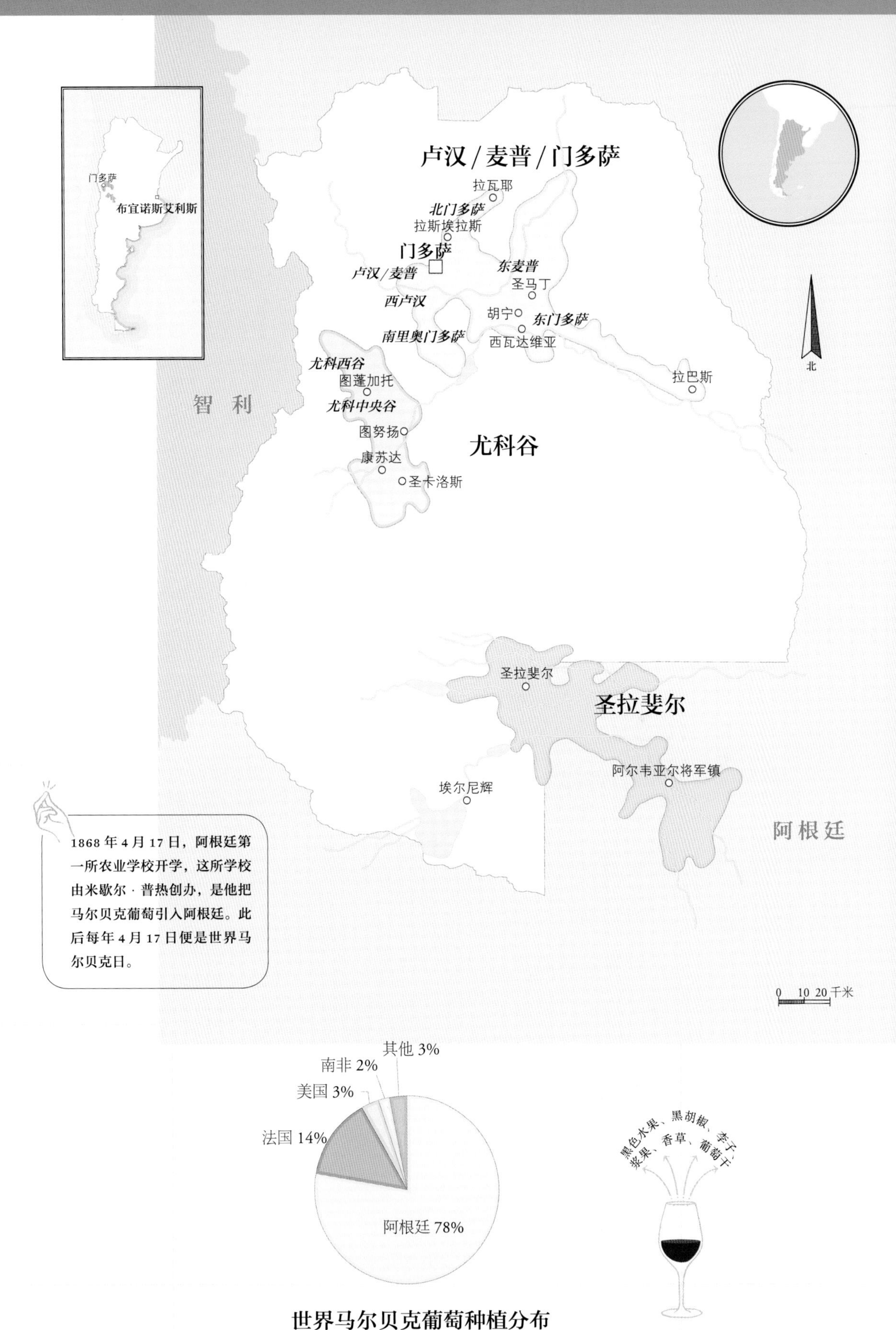

1868 年 4 月 17 日，阿根廷第一所农业学校开学，这所学校由米歇尔·普热创办，是他把马尔贝克葡萄引入阿根廷。此后每年 4 月 17 日便是世界马尔贝克日。

世界马尔贝克葡萄种植分布

阿根廷
特浓情葡萄酒

阿根廷从北到南的葡萄园都出产特浓情，这一葡萄品种是阿根廷白葡萄酒的大使。

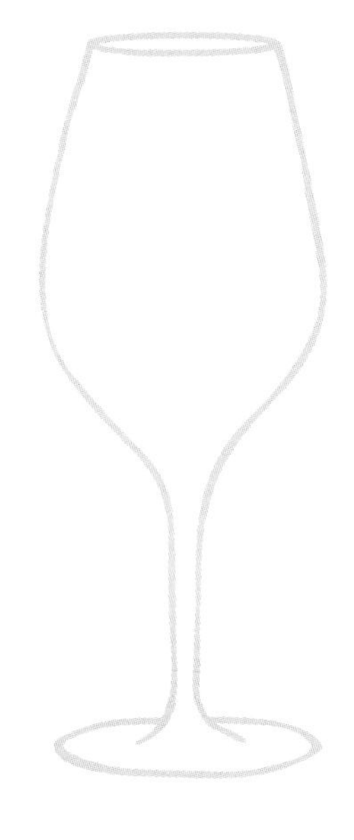

阿根廷特浓情葡萄酒之都
卡法亚特

年产量（单位：万升）
15 000

酒精度
13.5度

标准瓶装（750毫升）价格
10欧元

起源

尽管没有马尔贝克那样创纪录的数字，特浓情也是阿根廷白葡萄品种中的佼佼者，它神秘的起源也引人注目。来自阿根廷人？或许吧……人们发现它与亚历山大麝香葡萄和弥生葡萄有亲缘关系，这两种葡萄都被证实是西班牙人引进的。或许，它是诞生在阿根廷的杂交品种？这些都不能确定。但阿根廷确实是世界上唯一种植特浓情葡萄的国家。

特浓情高产，在干旱和强烈的阳光下也能繁茂生长，阿根廷的葡萄园里处处可见它的身影，它在海拔1 500米的萨尔塔南部的卡法亚特山谷尤为密集。它有三个亚种，分别以该国三个葡萄园命名：门多萨、圣胡安和拉里奥哈。拉里奥哈特浓情是三个葡萄品种中最芳香的，可以生产出最好的葡萄酒。经过门多萨和卡法亚特一些酒庄的努力，长期被认为呆板、苦涩和粗糙的特浓情葡萄酒，逐渐发展为优质葡萄酒。

品鉴

这款白葡萄酒有着漂亮的稻草般金黄酒体，散发着桃子、葡萄和橙花的香气，其香味近似阿尔萨斯出产的琼瑶浆，但酒精度更高一点（约13.5度），非常适合餐前打开味蕾！最好搭配瓜果或生冷头盘、贝类和烤鱼。吃餐后甜点的时候，可以就着水果沙拉或百香果慕斯饮用特浓情。这款感情充沛的葡萄酒非常值得一试！

“这款葡萄酒如此迷人，取悦我们的味觉，我们怎么能不喜欢它呢？”

——埃马纽埃尔·戴尔马，侍酒师

几个历史瞬间

1551年 → **18世纪** → **1850年**

1551年：阿根廷开始种植葡萄。

18世纪：亚历山大麝香葡萄在阿根廷葡萄园中被广泛种植。

1850年：“特浓情”名称有了最早的文字记录，用以形容这个葡萄品种的特点。

在卡法亚特山谷，夜晚的寒冷与白天的炎热形成鲜明对比，这种温差有利于特浓情的生长，使它的果实保持新鲜和酸涩。

玻利维亚
辛加尼酒

辛加尼酒是玻利维亚人的皮斯科酒，它讲述了西班牙殖民历史和玻利维亚人在高海拔山谷中坚定不移地种植葡萄的故事。

辛加尼酒之都
波托西

年产量
（单位：万升）
400

酒精度
40 度

标准瓶装
（700毫升）价格
20 欧元

起源

玻利维亚辛加尼酒的发明时间与葡萄出现在这里的时间吻合，早在16世纪，来到此地的耶稣会信徒和西班牙传教士就为教会种植葡萄。殖民者最早种植葡萄的区域与今天玻利维亚的葡萄园位置一样，都沿着玻利维亚南部的安第斯山脉分布，海拔在1 600 ~3 000米。在这样的地理和气候条件下出产的葡萄，糖分充足，但很难保存。于是人们想到蒸馏葡萄酒的办法，亚历山大麝香葡萄非常适应这里炎热干旱的气候，可以酿成葡萄烧酒。

17世纪，通过对银矿山的开发，波托西镇的经济迅速发展，周边地区的葡萄园也随之发展起来。这些葡萄园同时生产葡萄酒和辛加尼酒。今天，葡萄园生产现代化，辛加尼酒的质量提高了。玻利维亚大部分民众喜爱葡萄酒和辛加尼酒，找到一家生产这两种酒的酒庄并非难事。

品鉴

辛加尼酒通常适合纯饮，如果质量很好，会散发悠悠的麝香葡萄香气，显得非常优雅。由几家高级酒庄出产的较高档的辛加尼酒，需要经过3次蒸馏并陈化好几年。

此外，辛加尼酒是几款著名鸡尾酒中的好材料，比如雪芙雷、黑雨还有辛加尼酸酒（相当于皮斯科酸酒）。还有一款鸡尾酒是波托西的矿工想出来的，用来御寒除湿，是用牛奶、桂皮、蛋清和辛加尼酒混合调制的，要热饮。

几个历史瞬间

16世纪 → **1950年** → **1992年**

16世纪	1950年	1992年
欧洲传教士来到玻利维亚。	玻利维亚葡萄园开始现代化进程。	玻利维亚开始执行原产地命名控制以保护某些辛加尼酒。

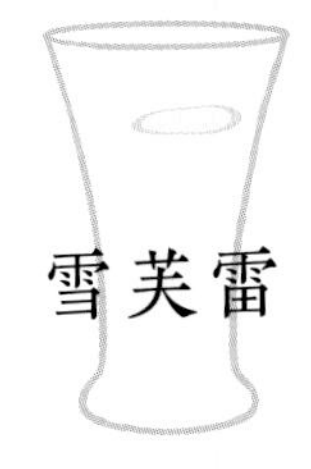

雪芙雷

70 毫升辛加尼酒
21 克姜汁汽水
1 片柠檬
冰块
青柠檬汁

把 2 个冰块放进玻璃杯的底部，倒入辛加尼酒、姜汁汽水、青柠檬汁，放 1 片柠檬，即可饮用！

辛加尼酸酒

60 毫升辛加尼酒
20 毫升柠檬汁
20 毫升接骨木糖浆
5 颗葡萄

在一个调酒杯里混合辛加尼酒、柠檬汁和接骨木糖浆，用 5 颗葡萄装饰。饮用时加冰块。

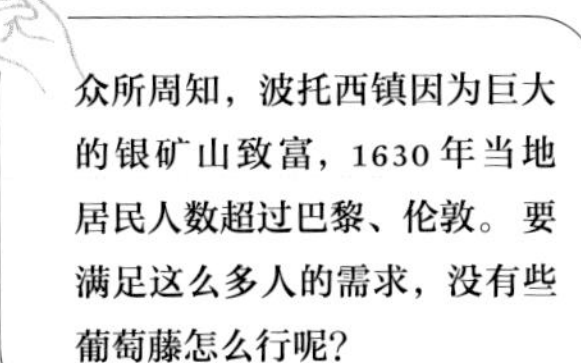

巴西
甘蔗酒

甘蔗酒在欧洲鲜为人知，却是世界上消费量最大的酒之一，它的外表像它的“表亲”朗姆酒。

巴西甘蔗酒之都
萨利纳斯

年产量
（单位：万升）
120 000

酒精度
38~48 度

标准瓶装
（700 毫升）价格
15~25 欧元

起源

甘蔗酒的历史与巴西黑暗的奴隶制历史交织在一起。16 世纪，奴隶以煮沸的甘蔗汁为饮品。后来，农民开始发酵并或多或少地秘密蒸馏甘蔗汁：甘蔗酒就这样诞生了。1649 年，葡萄牙殖民者试图在巴西禁止甘蔗酒的销售，因为甘蔗酒太成功了，影响了欧洲人的葡萄酒生意。葡萄牙帝国并没有如愿：甘蔗酒继续发展，并很快成为南美洲产量最大的蒸馏酒。甘蔗酒成了巴西的国家象征，人们给它起的绰号跟一年的天数一样多。时至今日，许多农场仍有自己的甘蔗作坊，用来蒸馏自己的甘蔗酒。

品鉴

甘蔗酒根据质量可分为两种：一是低等甘蔗酒系列，它可与青柠檬和糖调配成鸡尾酒，这是国民鸡尾酒（凯皮里尼亚）；二是高等甘蔗酒系列，它由于使用了木桶养熟技术，更精致、更复杂，适合单饮。甘蔗酒是唯一一种可以用各种材质的木桶（南美硬木、巴西红木、黄钟木、拉瓦热美樟）进行陈化的烧酒：保证风土效果。这个特点给甘蔗酒提供了多种香味。

仅有 1% 的甘蔗酒出自巴西之外。所以喝到甘蔗酒最简单的方法就是：去巴西！

朗姆酒说西班牙语或法语，而甘蔗酒用葡萄牙语歌唱。

——谚语

几个历史瞬间

16 世纪 → **1532** 年 → **1991** 年

- 16 世纪：巴西成葡萄牙殖民地，葡萄牙人在当地发展甘蔗种植。
- 1532 年：圣保罗地区出现甘蔗汁蒸馏的最早痕迹。
- 1991 年：里约热内卢建立第一座甘蔗酒博物馆。

"achaça"（甘蔗酒）一词是受保护的，指产自巴西的甘蔗烧酒。

凯皮里尼亚

50 毫升甘蔗酒
1 个柠檬
2 汤匙红糖
4 个冰块

把柠檬切成 8 块，加入红糖，并捣碎，倒入冰块、甘蔗酒晃动直至糖溶解。请品尝吧！

不同风格的甘蔗酒

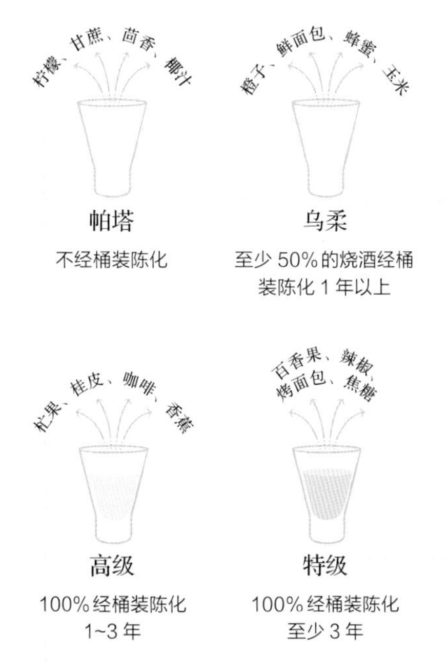

南美洲

皮斯科酒

皮斯科酒在秘鲁和智利是非常受欢迎的葡萄烧酒，两个国家竞相证明自己才是皮斯科酒的发源地。

皮斯科酒之都

（秘鲁）皮斯科，（智利）皮斯科–埃尔基

年产量
（单位：万升）

4 500

酒精度

30~48 度

标准瓶装
（750 毫升）价格

10 欧元

起源

谈论皮斯科酒的起源国是一个敏感的话题，因为秘鲁和智利一直就此争执不下。这种饮料在当地如此受欢迎，以至两个国家都提供了其作为皮斯科酒发源国的新证据。但可以确定的是，西班牙殖民者才是这种酒的发明者。他们在秘鲁找到了伊卡地区，认为这里十分适合种植葡萄，并用这里的葡萄酿酒，这些酒甚至出口到西班牙。为了保护西班牙的葡萄酒，皇家法院禁止了它的出口贸易，更倾向于多元化贸易，比如生产一种葡萄烧酒——皮斯科酒。这个名字可能来自当地古老方言对保存葡萄烧酒的罐子的称呼。

秘鲁皮斯科酒和智利皮斯科酒在口味和工艺上有所不同。智利皮斯科酒一般在橡木桶中陈化，而秘鲁皮斯科酒不经过陈化。这两种皮斯科酒使用的葡萄品种也不一样。在这两个国家，皮斯科酒都是在太平洋沿岸沙漠温暖的绿洲中生产的。

品鉴

皮斯科酒的成功在于它庞大的受众群体——它的价格和质量范围较大，各种价格和品质的都有。好的皮斯科酒可以纯饮，但通常是作为鸡尾酒的基酒，这些鸡尾酒的名气甚至超过了烧酒本身。皮斯科酸酒是 20 世纪 20 年代由一位美国酒吧服务生发明的，他用皮斯科酒、青柠檬、蛋清和冰块等调配了这款美妙的酒。

啊，皮斯科！皮斯科！这是我一生中最美的一天！

——阿多克船长《丁丁历险记之太阳神庙》

几个历史瞬间

1551 年 → **1773 年** → **1931 年** → **1988 年**

- 1551 年：西班牙殖民者从加那利群岛往秘鲁运来了第一批葡萄品种。
- 1773 年：用“皮斯科”命名的葡萄烧酒的最早文字记录出现了。
- 1931 年：皮斯科被宣布为智利国民饮料。
- 1988 年：秘鲁政府宣布皮斯科为秘鲁的国家文化遗产。

皮斯科酸酒

300 毫升皮斯科酒
100 毫升青柠檬汁
100 毫升蔗糖糖浆
1 个蛋清加 1 勺冰糖
8 滴苦精
4 个冰块

在蛋清里加 1 勺冰糖并搅拌至白色泡沫状，加入皮斯科酒、青柠檬汁和蔗糖糖浆的混合液中。饮用时，分 4 次加入冰块，每次加 2 滴苦精。

1936 年，智利人把拉尤尼翁镇重新命名为“皮斯科–埃尔基”，以支持智利确立皮斯科酒发源国的身份。

哥斯达黎加
瓜罗酒

瓜罗酒是哥斯达黎加的国民烧酒，其合法生产和非法生产的量几乎一样多，味道介于朗姆酒和伏特加之间，是哥斯达黎加人最喜欢的酒精饮料。

瓜罗酒之都
圣何塞

年产量
（单位：万升）
600

酒精度
30度

标准瓶装
（700毫升）价格
8欧元

起源

瓜罗酒是一种由蔗糖制成的甜朗姆酒，属于南美洲普通烧酒大家庭的一员。这些在拉丁美洲很受欢迎的烧酒在各个国家的配方都不一样：在哥斯达黎加和洪都拉斯，它是葡萄烧酒、茴香利口酒……南美洲烧酒则被称为瓜罗酒，这个名字与当地原住民部落瓜荷斯有关，尽管并没有证据表明他们是这种饮料的最初酿造者。1850年，瓜罗酒的消费量大到要用国有化生产来限制其产量。走私瓜罗酒常常是掺假的和危险的，生产者用纯糖或糖果代替蔗糖渣。1853年，法纳尔（国有利口酒制造厂）诞生了，从此，只有国家烧酒厂生产的瓜罗酒才允许出售。

品鉴

瓜罗酒的味道相当中性。它可以纯饮，但这不是理想方式。总有关于它的流言和传说，比如它有麻醉作用。瓜罗酒常常和果汁、苏打水一起饮用，或做成鸡尾酒。重口味的爱好者可以试试有名的智利瓜罗酒。瓜罗酸酒与秘鲁和智利的皮斯科酸酒差不多。

法纳尔酒厂有三种瓜罗酒：一是消费最多的卡西科瓜罗酒，带有红色标签，适合混饮；二是高级卡西科瓜罗酒，比前者略强劲，有更丰富的芳香和更精致的酒体，适合各种饮用方式；三是洪果罗哈多，略带琥珀色，酒精度为30度，入口甜美宜人，适合作为消化酒或用来制作糖果。

“瓜罗酒是哥斯达黎加的月光。”

——代指美国禁酒令期间，生产酒是“在月光下”

几个历史瞬间

1850年 → **1856年** → **1980年**

1850年：哥斯达黎加政府规定了酒精饮料的国有化生产，以打击走私。

1856年：哥斯达黎加成立国有烈酒及利口酒制造厂（法纳尔）。

1980年：哥斯达黎加推出卡西科瓜罗酒品牌，并将其作为国有制造的典范。

哥斯达黎加的甘蔗种植区

瓜罗酸酒

40 毫升瓜罗酒
20 勺糖
1 个切成 6 块的青柠檬
冰块
苏打水

把瓜罗酒、糖和青柠檬放进威士忌酒杯里，挤柠檬汁的同时混合所有原料，加入冰块、苏打水。上酒！

智利瓜罗酒

75 毫升卡西科瓜罗酒
30 毫升番茄汁
50 毫升柠檬汁
3 勺辣酱

在烈酒杯里放点儿盐，把所有原料倒进调酒器里混合均匀。上酒！

考古证据表明，哥斯达黎加国家酿酒厂的新址有该国最古老的原住民遗址之一。瓜罗酒的国有品牌现在叫“卡西科瓜罗”。

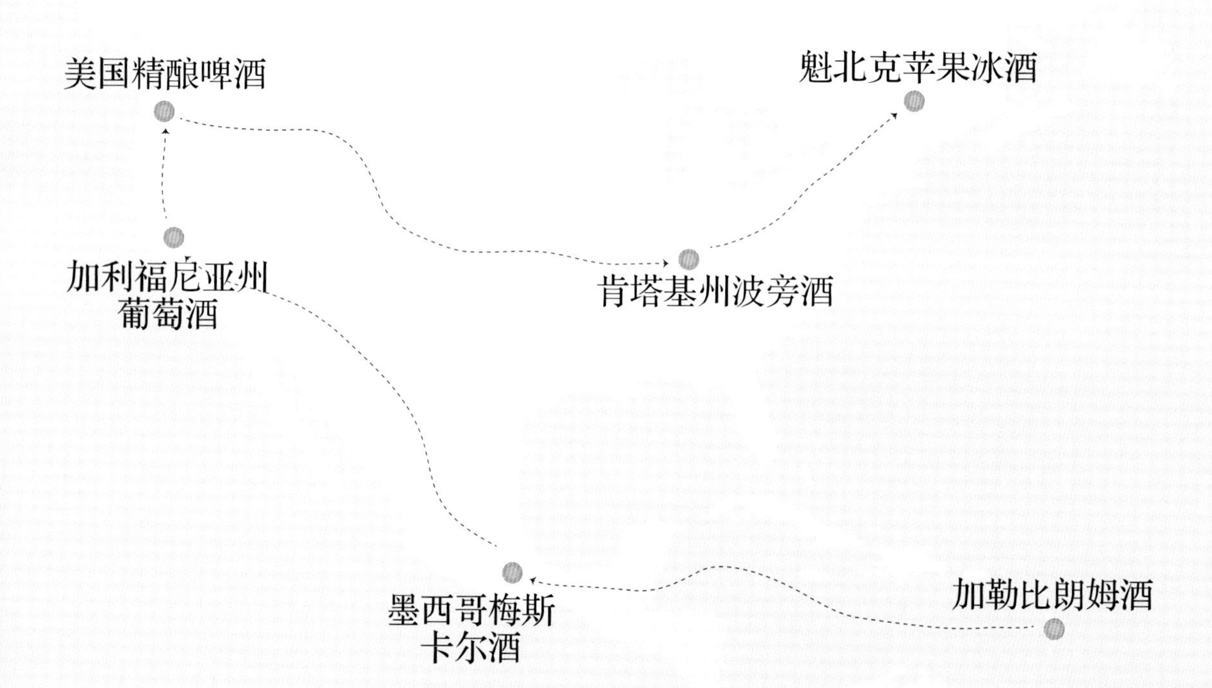
美国精酿啤酒
魁北克苹果冰酒
加利福尼亚州
葡萄酒
肯塔基州波旁酒
墨西哥梅斯
卡尔酒
加勒比朗姆酒

北美洲

跟它的邻居南美洲一样，北美洲也留下了其垦殖者的原籍国文化烙印。很快爱尔兰移民就用肯塔基州平原上容易生长的玉米酿出了威士忌，法国人则在魁北克地区着手生产苹果酒，西班牙人也在加利福尼亚州北部种植了第一批葡萄藤。在宗教团体的压力下，禁酒令时期的美国严厉禁止生产、销售和消费酒精。这一政策带来了严重的社会危机，其产生的影响超越了国界，使欧洲葡萄酒和威士忌生产商失去大西洋彼岸的主要市场。

加勒比
朗姆酒

如今，海盗已经很少见了，但甘蔗仍然统治着这里的热带群岛。

加勒比朗姆酒之都
圣皮埃尔（马提尼克）

年产量（单位：万升）
45 000

酒精度
40~45度

标准瓶装（700毫升）价格
30欧元

起源

农业朗姆酒的历史与糖的历史融合在一起：这是一个巨大的产业。200年来，加勒比地区的甘蔗田向欧洲提供糖。但1806年拿破仑执政时实行了大陆封锁政策，让一切都发生了变化。他禁止英国商船在欧洲靠岸和交易商品，以便从经济上削弱英国。因为糖也是通过这些商船运来的，所以欧洲必须找到其他供应渠道以满足自己的需求。1811年，法国的一位化学家发现可以用甜菜制糖。甜菜更适合欧洲的天气，便顺理成章地取代了甘蔗的明星地位。甘蔗被抛弃了，那这些“白色黄金”还能做什么呢？生产者明白必须为他们的明星产品打通另一条路，这使得朗姆酒迅速发展起来。

群岛的热带气候和火山灰土壤为甘蔗提供了独一无二的风土条件。

群岛的热带气候和火山灰土壤为甘蔗提供了独一无二的风土条件。风土的效果在一些多山的岛屿上显得更为突出。马提尼克岛就是这样。因为海拔高度和来自海洋性季风气候的影响不同，群岛每个地区出产的甘蔗不一样。这种多样性极有利于出产不同风味的加勒比朗姆酒。

品鉴

朗姆酒分为三个家族：法国风味朗姆酒（“农业朗姆酒”，侧重植物），西班牙风味朗姆酒（“糖蜜”，侧重甜味）和英国风味朗姆酒（“朗姆”，侧重香料）。这些侧重点与风土没有关系，反映的是欧洲各国对朗姆酒的不同期待。喝朗姆酒时，要从年份最近的酒开始喝。如果酒的年份相同，就从酒体最细腻的喝到最芳香的。像对待其他烈酒一样，不要摇晃玻璃杯中的朗姆酒，否则会把朗姆酒冲高，破坏它的香型，还可能呛到鼻子。品味朗姆酒是场旅行，祝你旅途愉快！

朗姆酒不是恶习，是生存之道。

——欧内斯特·海明威（1899—1961），作家

几个历史瞬间

1493年 → 源自亚洲的甘蔗来到加勒比群岛。

1811年 → 欧洲发现可以用甜菜制糖。

1996年 → 马提尼克岛的农业朗姆酒获得原产地命名控制。

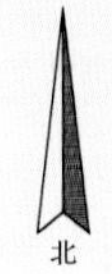

墨　西　哥　湾

大西洋

巴哈马

古巴

大安的列斯群岛

墨西哥

海地

多米尼加

伯利兹

牙买加

波多黎各（美）

瓜德罗普（法）

小安的列斯群岛

危地马拉

洪都拉斯

加勒比海

圣皮埃尔

马提尼克（法）

萨尔瓦多

尼加拉瓜

哥斯达黎加

委内瑞拉

巴拿马

哥伦比亚

0　100　200 千米

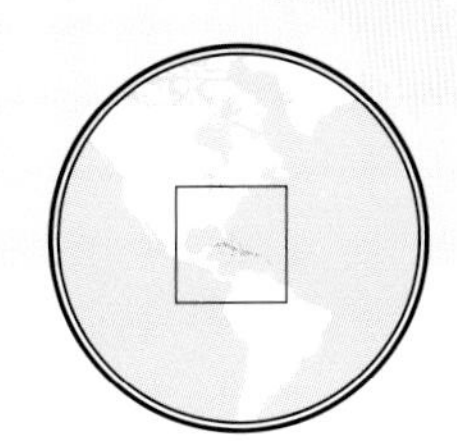

朗姆酒的香型

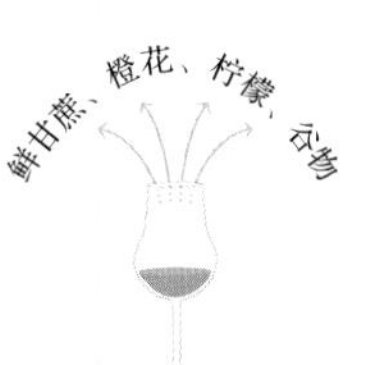

农业朗姆酒

法国风味
产区：马提尼克岛和瓜德罗普岛

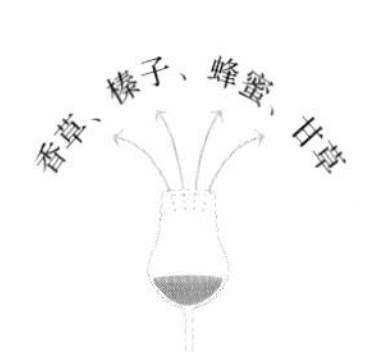

糖蜜

西班牙风味
产区：古巴、多米尼加、巴拿马

朗姆

英国风味
产区：牙买加、特立尼达和多巴哥

甘蔗

它是高大的热带草本植物，高 2~6 米。

它原产自亚洲。

它的颜色从黄色到紫罗兰色都有，不同品种有不同颜色。

它偏爱的土地条件位于美国南部到巴西南部之间。

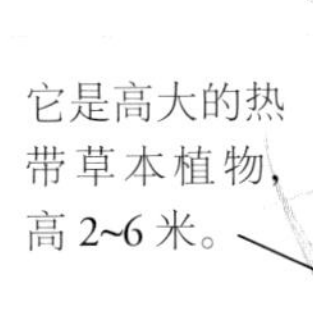

“天使的那一份”是指在养熟过程中酒精蒸发的现象，这种蒸发在热带地区会更多。事实上，酒精在炎热潮湿的天气下，每年会蒸发 8%~10%，而在温带地区只蒸发 1%~2%。

墨西哥
梅斯卡尔酒

梅斯卡尔酒是世界上最复杂、最危险的烈酒之一。让我们一起来看看，这款只产于墨西哥的龙舌兰烧酒是如何从无名之辈成为国家骄傲的。

梅斯卡尔酒之都
圣地亚哥－马塔特兰

年产量
（单位：万升）
600

酒精度
35~55度

标准瓶装价格
35欧元

梅斯卡尔酒不是用来喝的，而是用来亲吻的。

——墨西哥俗语

起源

梅斯卡尔酒的历史与墨西哥的历史紧密地联系在一起，因此也与西班牙的历史紧密相连。在西班牙人到来以前，墨西哥已经有一种从龙舌兰发酵而来的饮料用于宗教活动，即普尔克。西班牙人到来以后，墨西哥出现了蒸馏工艺。16世纪末，面对墨西哥葡萄园的壮大，出于保护西班牙葡萄酒的目的，西班牙国王腓力二世禁止墨西哥种植葡萄。龙舌兰就这样代替了葡萄树！这种令人着迷的植物深深根植于当地文化。它的叶子可用作砖瓦覆盖屋顶，它的刺可用作针或钉子，它的纤维可以做成织物。龙舌兰身上没有一处是可以随便丢弃的！梅斯卡尔酒是美洲大陆第一款烈酒。今天，瓦哈卡州贡献了墨西哥梅斯卡尔酒80%的产量。圣地亚哥－马塔特兰——瓦哈卡州的一个镇，自称梅斯卡尔酒之都，90%的当地居民靠这种烈酒生产为生。

梅斯卡尔酒的历史与墨西哥的历史紧密地联系在一起。

品鉴

在墨西哥，梅斯卡尔酒不是用来喝的，而是用来亲吻的——这就是墨西哥人对这种烈酒的爱。忘了烈酒那些陈腔滥调吧，一杯梅斯卡尔酒要细细品味。让世界各地的一些梅斯卡尔酒爱好者着迷的是每一个生产者独特的制造技术：收获龙舌兰的方式、水的选择以及木材加热技术，这些都会造成梅斯卡尔酒的口味变幻无穷。正如不同种类的葡萄产生不同的葡萄酒一样，不同种类的龙舌兰也会生产出不同的梅斯卡尔酒。我们可以这样说，同一个生产者永远生产不出完全一样的梅斯卡尔酒。

口味变幻无穷。

几个历史瞬间

1世纪：普尔克（发酵的龙舌兰汁）是从龙舌兰身上得到的第一种饮料。

1873年：因为火车线路开通，墨西哥梅斯卡尔酒首次出口到美国。

1994年：创立了梅斯卡尔酒的相关认证。

2000年：梅斯卡尔酒先出现在纽约的时髦酒吧里，随后是欧洲的酒吧。

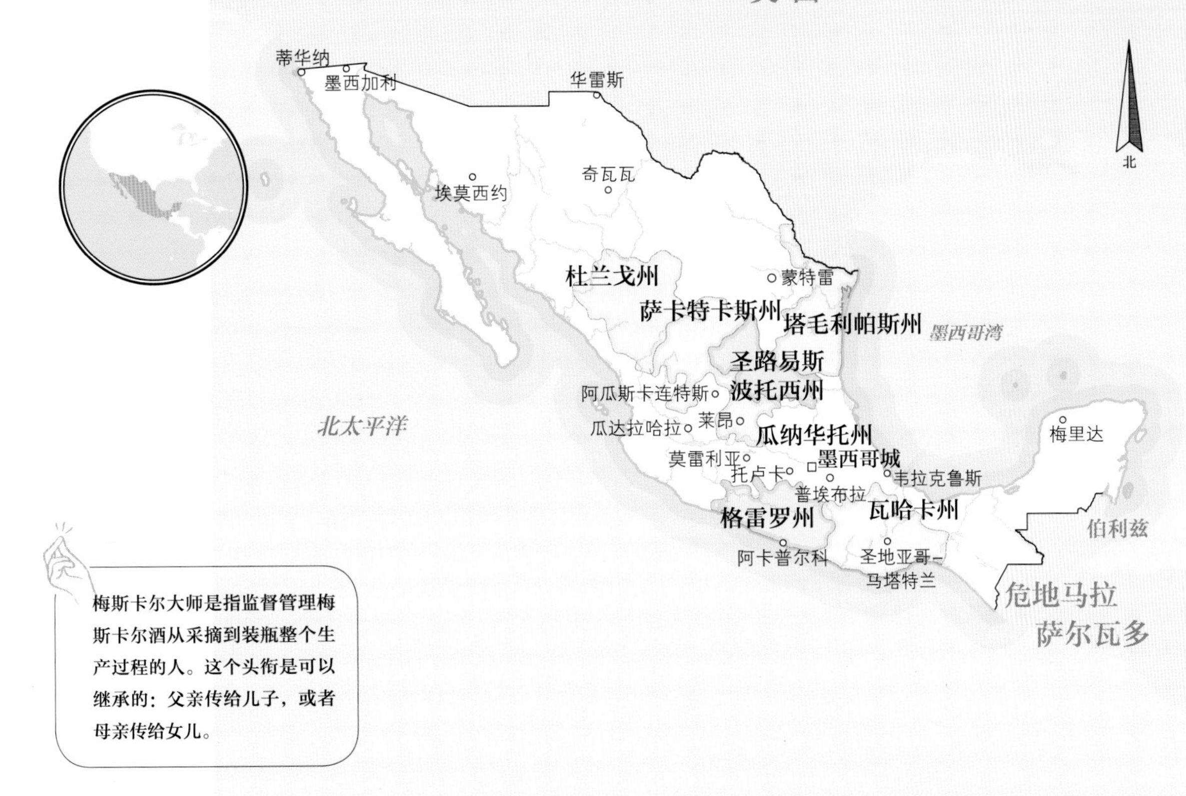

梅斯卡尔大师是指监督管理梅斯卡尔酒从采摘到装瓶整个生产过程的人。这个头衔是可以继承的：父亲传给儿子，或者母亲传给女儿。

墨西哥梅斯卡尔酒七大产区

梅斯卡尔酒根据陈化技术区分的不同香型

新酒	微陈级	陈年级
直接从蒸馏器出来	在橡木桶里陈化 2~11 个月	在橡木桶里陈化 12 个月以上

龙舌兰

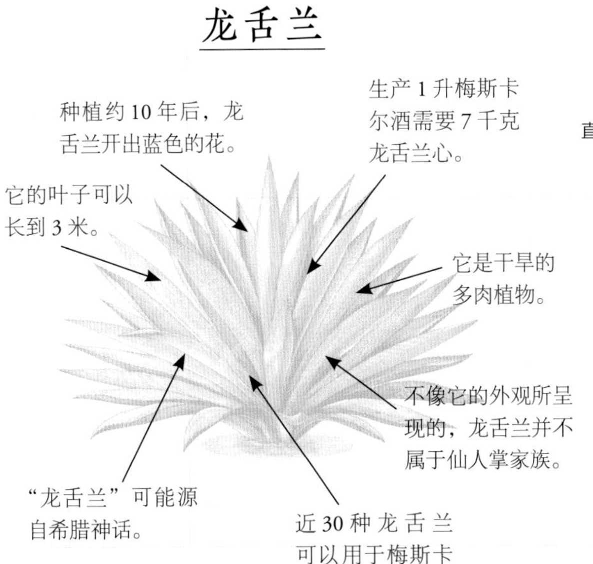

梅斯卡尔酒和特基拉有什么区别？

梅斯卡尔酒是特基拉的“表亲”。它们属于同一家族，都来自龙舌兰的蒸馏。通常，特基拉是随工业流程制造的，而梅斯卡尔则保留了手工酿造传统。梅斯卡尔可使用 30 个品种的龙舌兰制造，特基拉仅可使用 1 种。特基拉的提纯要求没有那么严格：只需至少 51% 的龙舌兰糖被转化，而梅斯卡尔则要求转化率达 80%。墨西哥每年生产的特基拉比梅斯卡尔多 9 倍。

加利福尼亚州 葡萄酒

加利福尼亚州的葡萄园具有民族性格：富有创造力，度量大，有进取心。尽管年纪不大，但它已经是最好的葡萄酒之一了。

加利福尼亚州
葡萄酒之都
萨克拉门托

年产量
（单位：万升）
200 000

酒精度
13~14.5 度

标准瓶装价格
10 欧元

起源

像北美洲和南美洲绝大多数国家一样，美国加利福尼亚州的葡萄园关联着欧洲殖民活动，特别是西班牙的殖民活动。美国加利福尼亚州的葡萄酒同样因此而生。19 世纪，美国西部被欧洲殖民者的移民大潮搅乱。萨克拉门托出现了黄金，这令人们趋之若鹜。铁路不断发展，终点不断延伸，直到“应许”之地：加利福尼亚州。于是殖民者开始在当地发展葡萄园，1920 年加利福尼亚州的葡萄园已经有 2 500 个酿酒厂了。这件事并没有那么顺利，1873 年和 1890 年，根瘤蚜两次肆虐葡萄园，摧毁了年轻的葡萄园。随后，1920—1933 年禁酒令时期，酿酒厂的数量急剧减少到不足 100 个。今天，加利福尼亚州的葡萄园仍然坚固完整，是美国强大的经济引擎，保证了美国 90% 的葡萄酒产量。加利福尼亚州的葡萄园更多地依赖技术而非传统，这跟欧洲的葡萄园大相径庭。葡萄酒酿造厂通常并不从事葡萄种植，像跨国公司卡洛这样的酿酒厂可以成为拥有多个系列产品的巨型公司，遍布世界各地。

品鉴

加利福尼亚州的葡萄园沿太平洋蜿蜒 1 000 多千米，享受着太平洋凉爽的海风。北海岸有着该州最负盛名的葡萄园，以纳帕产区和索诺马产区为首。尽管现在这里的葡萄园已有 110 个葡萄品种，但赤霞珠、仙粉黛和霞多丽仍占主导地位，索诺马产区还有优质的黑皮诺。长期以来，美国葡萄酒被认为标准化生产程度过高，正变得越来越复杂，用来酿酒的葡萄品种也在不断增多。赤霞珠有着不可思议的结构和陈化潜力，这让一些波尔多酿酒者感到羞愧。霞多丽通常被认为木香和香草味过重，现在越来越成熟，并展现出与勃艮第葡萄酒一竞高下的决心。

“加利福尼亚州出产的，必会风靡。”

——吉米·卡特，美国第 39 任总统

几个历史瞬间

16 世纪：西班牙殖民者在旧金山种下最早的一批葡萄树。

1860 年：欧洲殖民者涌入美国西部，加利福尼亚州的葡萄园发展起来。

1920—1933 年：美国禁酒令期间，葡萄酒的生产、运输和进出口都被禁止。

20 世纪末：加利福尼亚州葡萄酒在国际上得到认可。

1976年在巴黎举办的盲品会上，加利福尼亚州的葡萄酒赢得国际声誉。包括9名法国人在内的11位评委的评选结果为：在白葡萄酒中，一款加利福尼亚州葡萄酒排在默尔索之前；在红葡萄酒中，纳帕的葡萄酒排在波尔多列级庄之前。

加利福尼亚州
葡萄酒的香型

美国
精酿啤酒

印度淡色艾尔啤酒是一款承载着历史和啤酒花的啤酒。

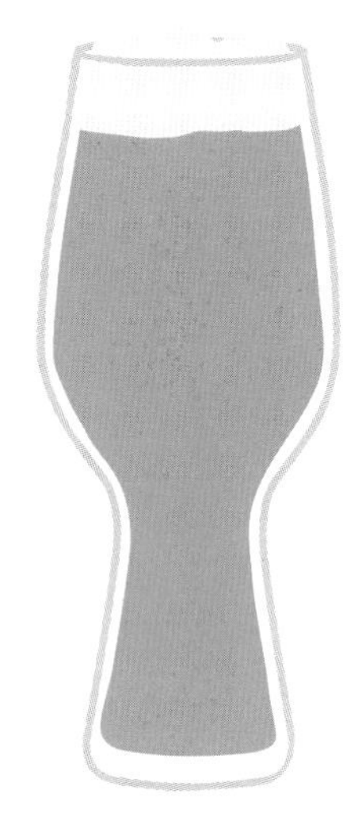

美国精啤之都
波特兰

年产量
（单位：万升）
133 300

酒精度
6度

标准瓶装
（330毫升）价格
3.5欧元

起源

在印度与欧洲最初产生商业往来的时期，印度淡色艾尔啤酒在英国诞生了。传说那时啤酒花的防腐特性刚被发现，为了让啤酒在运输途中不变味，生产者便往啤酒中加入过量的啤酒花。这个故事更像是在讲述啤酒厂的一个通告，而非真实的历史。随后，这种方式几乎消失了，因为税收指数与酒精度数呈正相关，且随着“一战”“二战”的征用而大幅升高。直到20世纪80年代，美国的微型啤酒酿造厂复兴，这种加啤酒花的方式才重新受到重视。很快，在这场捍卫啤酒质量的运动中，印度淡色艾尔啤酒扮演起旗手角色。21世纪初，欧洲出现了一个现象——每天都有新的手工啤酒厂或专营本地啤酒的酒铺开张。如果你家的街角还没有啤酒店，那必定有一家啤酒店正在筹备。

品鉴

啤酒花是啤酒的香料，它让酿造者创造出味道和香气的无限可能。像用来酿酒的葡萄一样，啤酒花也有数百种。每一种啤酒花都反映其风土，并影响啤酒的芳香特征，决定你闻到的啤酒味道。第一杯精酿啤酒的第一口你一定要细细品味。这种裹着水果味的苦涩啤酒，在嘴里更紧致，停留时间更久。

“毫无疑问，啤酒是人类最伟大的发明。我承认轮子的发明很有趣，但轮子不能配比萨吃啊。”

——戴夫·巴里，美国喜剧演员

几个历史瞬间

1632年 → **1835年** → **1980年**

1632年：美国最早的啤酒厂创立。

1835年：在英国，人们第一次提到“送到印度的淡色艾尔啤酒”：精酿啤酒。

1980年：美国小型啤酒厂开始改革。

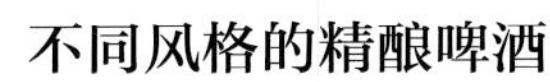
不同风格的精酿啤酒

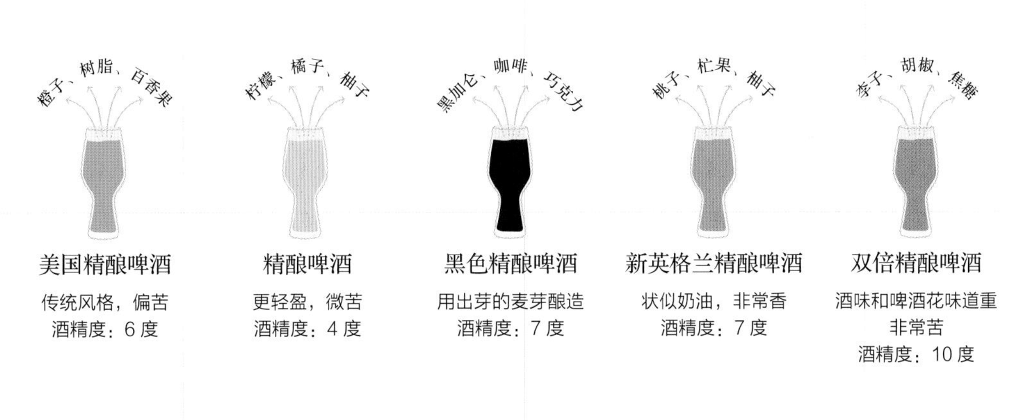

啤酒花

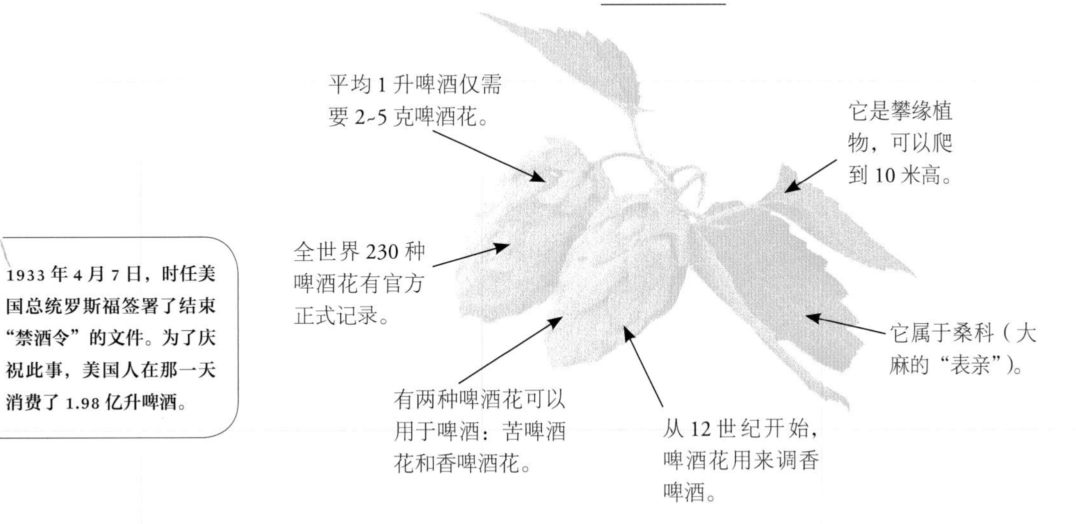

肯塔基州
波旁酒

美国最著名的酒诞生于美国肯塔基州的大草原上。它的名字来自法国国王路易十六的朝代——波旁王朝。

波旁酒之都
巴兹敦

年产量
（单位：万升）
17 000

酒精度
40~50度

标准瓶装
（700毫升）价格
30欧元

起源

1792年，肯塔基州加入美国联邦，成为它的第十五个州。肯塔基州是一个农业州，有广阔的大草原，那里玉米生长得很好。19世纪初，苏格兰和爱尔兰的移民在此定居，由于缺少大麦，他们尝试用玉米酿造烧酒。他们以这种酒的诞生地将其命名为波旁酒，该郡的首府是巴黎（这是作为与法国人的友谊的象征。法国人在美国独立战争中给予了重要的帮助）。现在使用"波旁酒"这一名字有更严格的规定：它可以在肯塔基州外生产，但混合谷物中至少有51%玉米。另外，它是在全新的白橡木桶和熏制橡木桶里陈化，这就能解释它为何成熟期短（最短3年）。橡木桶随后会被循环利用，用来陈化苏格兰威士忌、葡萄酒或老朗姆酒。波旁酒主要在肯塔基州生产，在它的邻州田纳西州则很少。波旁酒的诞生地——由巴兹敦、法兰克福和路易斯维尔三个城市组成的金三角，一整年的旅游市场也由此被激活了。

苏格兰和爱尔兰的移民尝试用玉米酿造烧酒。

品鉴

波旁酒的香气取决于它陈化的程度：最年轻的波旁酒（4~5年）散发香草、微木香和花香味；8年陈波旁酒散发蜂蜜、香料、焦糖和浓郁的香草味；而年份最久的波旁酒（12~18年）则会散发浓烈的木香，完全保留香草的甜味。传统上波旁酒用厚底玻璃杯盛放，在常温下饮用，不加冰，但可以加几滴水来凸显某些香气。

"好喝的波旁酒、好抽的烟草、飞快的马和漂亮的女人。"

——俗语

几个历史瞬间

1800年 → **1820年** → **1964年**

1800年：最早的苏格兰和爱尔兰移民在肯塔基州定居。

1820年：最早将"波旁"一词作为威士忌的一个类别使用。

1964年：美国国会通过了关于使用"波旁酒"名字的法律："波旁威士忌"必须是在美国本土生产的。

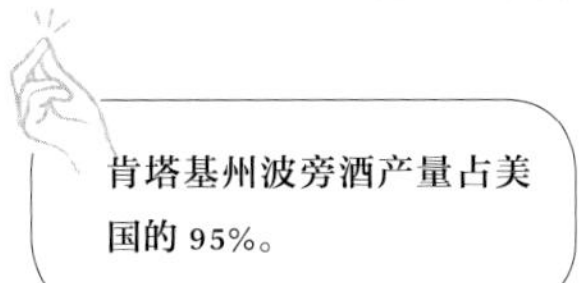

汽水
1 块糖
一点儿安古斯图拉苦酒
50 毫升波旁酒
1 个橙子（取皮）

在一个搅拌杯里把浸泡在苦酒中的糖块打碎，把橙皮放入杯底，直到糖完全溶解，装满冰，加入波旁酒、汽水。把酒倒入老式玻璃杯中，用橙皮和黑樱桃作为装饰。

美国威士忌的主要风格

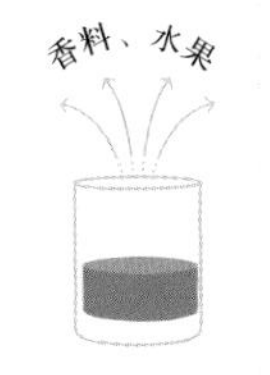

黑麦威士忌
至少含 51% 黑麦

玉米威士忌
至少含 80% 玉米

波旁酒
至少含 51% 玉米

魁北克
苹果冰酒

加拿大东部的冬天如此严寒，苹果在被采摘前就会冻住。

苹果冰酒之都
亨明福德

年产量
（单位：万升）
25

酒精度
9~13度

瓶装价格
（375毫升）
30欧元

起源

16世纪，在美洲大开发的进程中，魁北克地区因为缺乏黄金，被欧洲垦荒者认为毫无吸引力，甚至被他们抛弃。然而，一群来自布列塔尼、巴斯克和诺曼底的水手仍然划过结冰的河流，执着地在这里找寻鲸和鳕鱼的踪迹。这些水手最终决定在大西洋彼岸安家。那么巴斯克人、布列塔尼人和诺曼底人有什么共同点呢？当然是生产苹果酒！他们是最早在北美洲种植法国苹果树的人。很快，苹果园铺满了这片冬天无比严寒的山坡。在魁北克，苹果酒的生产历史已经有400年了，但直到1989年，苹果冰酒才出现：一种完全用霜冻苹果发酵而来的甜甜的佳酿。生产者仔细挑选那些成熟但没有掉落的苹果。它们挂在枝头，在寒冷气候的作用下开始轻微成熟[①]。苹果汁的榨取必须在12月1日到次年3月1日之间进行。

品鉴

经过冷空气风干的苹果，糖分更多、香味更浓。最好的苹果冰酒可以保存5~10年。这是一款“安静”的苹果酒而非起泡酒。乍一看，苹果冰酒跟甜葡萄酒有点儿像。当你把鼻子凑近酒杯，浓浓的煮苹果味儿、焦糖的香气、果酱的香味、各种香料味和蜂蜜的味道都会扑鼻而来。这是稀有而昂贵的饮品，最好搭配煎鹅肝、水果甜品、蛋糕或者蓝纹奶酪。苹果冰酒已经成为魁北克美食的标志。

> 苹果冰酒，是苹果与魁北克冷空气的邂逅。
>
> ——弗朗索瓦·普利奥，魁北克苹果种植者

几个历史瞬间

1617年 → **1918年** → **1989年** → **2014年**

- 1617年：法国人路易·埃贝尔在魁北克种下第一棵苹果树。
- 1918年：魁北克通过禁酒令法案。
- 1989年：魁北克生产第一款苹果冰酒。
- 2014年：魁北克冰酒法定产区成立。

① 低温使苹果失去水分，体积收缩。——译者注

苹果酒的香型

苹果酒

根据含糖量，它分为生的、半干的和甜的

苹果冰酒

低温使苹果脱水、增香

苹果火酒

高温使苹果脱水、增香

玫瑰苹果酒

颜色来自不同品种的红苹果

酿造1升苹果酒需要10千克苹果，而酿造等量传统苹果酒只需这个苹果量1/4。

本书酒谱

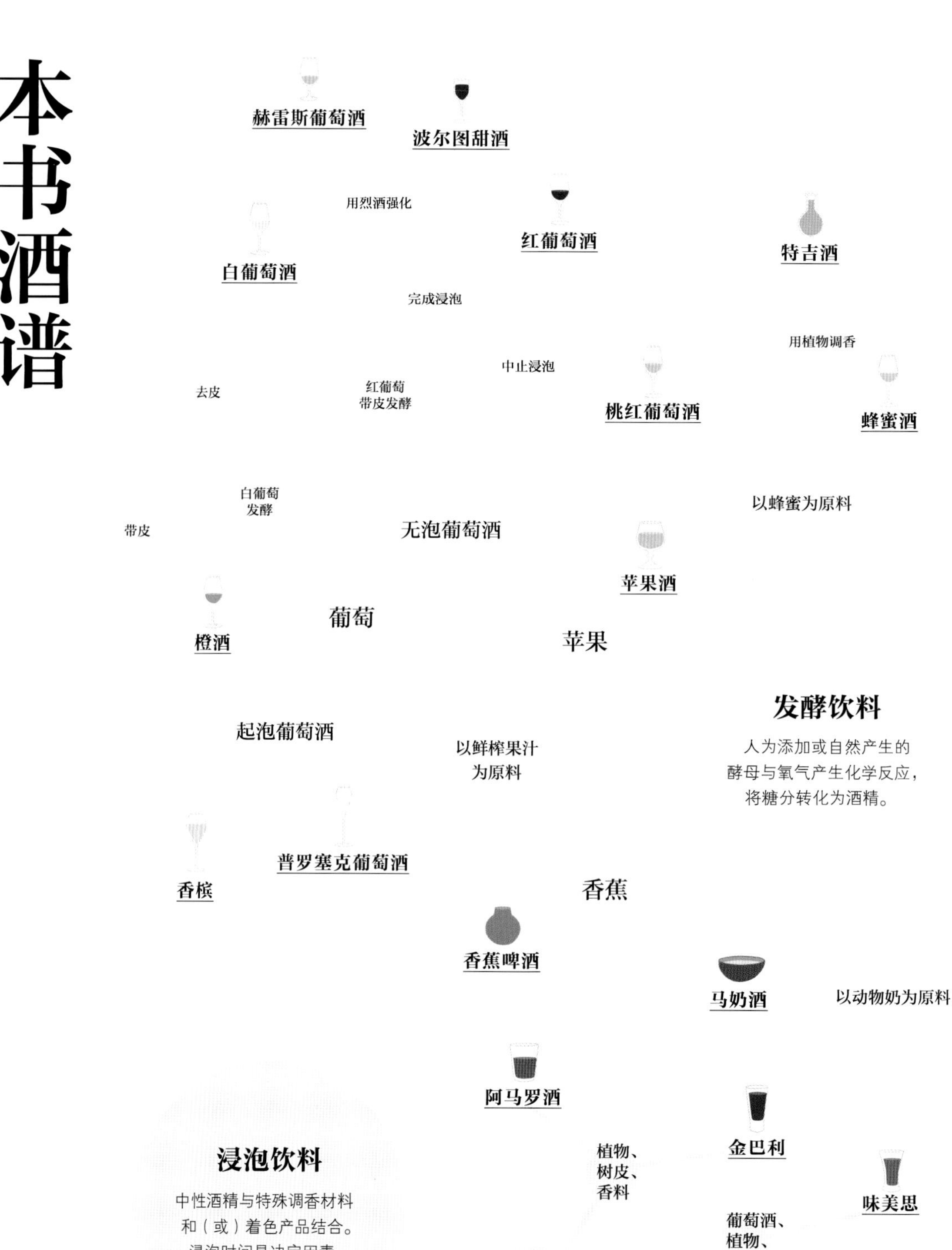

发酵饮料

人为添加或自然产生的
酵母与氧气产生化学反应，
将糖分转化为酒精。

浸泡饮料

中性酒精与特殊调香材料
和（或）着色产品结合。
浸泡时间是决定因素。

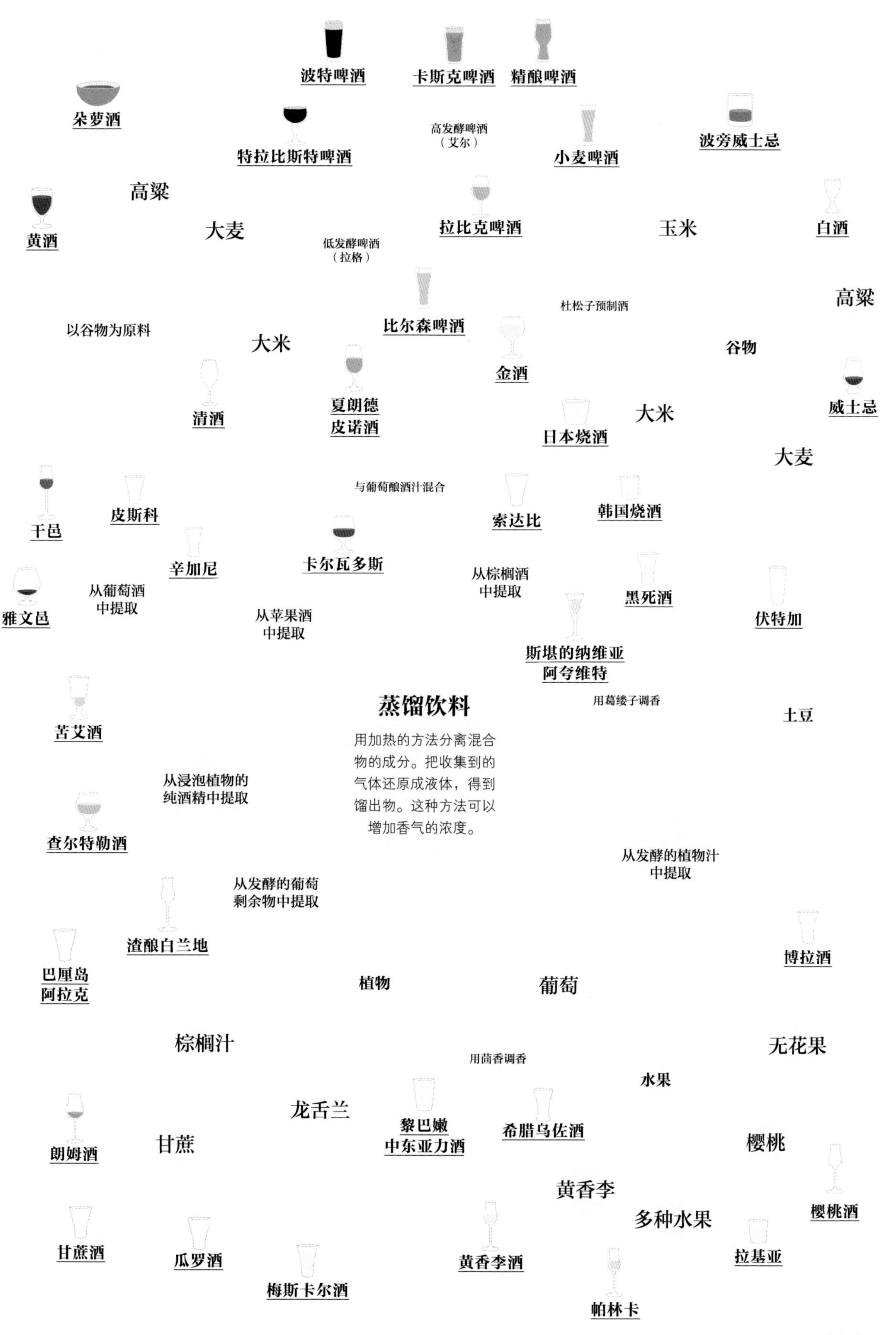
波特啤酒
卡斯克啤酒
精酿啤酒
朵萝酒
特拉比斯特啤酒
高发酵啤酒
（艾尔）
小麦啤酒
波旁威士忌
高粱
黄酒
大麦
低发酵啤酒
（拉格）
拉比克啤酒
玉米
白酒
比尔森啤酒
杜松子预制酒
高粱
以谷物为原料
大米
谷物
金酒
清酒
夏朗德
皮诺酒
日本烧酒
大米
威士忌
大麦
与葡萄酿酒汁混合
干邑
皮斯科
索达比
韩国烧酒
辛加尼
卡尔瓦多斯
从棕榈酒
中提取
黑死酒
雅文邑
从葡萄酒
中提取
从苹果酒
中提取
伏特加
斯堪的纳维亚
阿夸维特
用葛缕子调香
苦艾酒
蒸馏饮料
用加热的方法分离混合物的成分。把收集到的气体还原成液体，得到馏出物。这种方法可以增加香气的浓度。
土豆
从浸泡植物的
纯酒精中提取
查尔特勒酒
从发酵的植物汁
中提取
从发酵的葡萄
剩余物中提取
渣酿白兰地
博拉酒
巴厘岛
阿拉克
植物
葡萄
棕榈汁
无花果
用茴香调香
水果
龙舌兰
黎巴嫩
中东亚力酒
希腊乌佐酒
朗姆酒
甘蔗
樱桃
黄香李
多种水果
樱桃酒
甘蔗酒
瓜罗酒
梅斯卡尔酒
黄香李酒
帕林卡
拉基亚

索引

A

阿尔卑斯地区查尔特勒酒

阿根廷特浓情葡萄酒

埃佩尔奈香槟

埃塞俄比亚特吉酒

爱尔兰威士忌

安达卢西亚赫雷斯葡萄酒

澳大利亚西拉子葡萄酒

B

巴厘岛阿拉克酒

巴西甘蔗酒

贝宁索达比

比利时特拉比斯特啤酒

秘鲁和智利皮斯科酒

冰岛黑死酒

波尔多葡萄酒

波兰蜂蜜酒

玻利维亚辛加尼酒

勃艮第葡萄酒

布基纳法索朵萝酒

布鲁塞尔拉比克啤酒

D

大不列颠卡斯克啤酒

德国小麦啤酒

都灵味美思

杜罗河波尔图酒

E

俄罗斯伏特加

F

威尼托和弗留利普罗塞克葡萄酒

G

哥斯达黎加瓜罗酒

格鲁吉亚橙酒

H

韩国烧酒

黑森林樱桃酒

猴子茴香酒

J

加勒比朗姆酒

加利福尼亚州葡萄酒

加斯科涅雅文邑

捷克比尔森啤酒

K

坎帕尼亚柠檬酒

肯塔基州波旁酒

魁北克苹果冰酒

L

莱茵河雷司令白葡萄酒

黎巴嫩中东亚力酒

里奥哈红葡萄酒

留尼汪岛朗姆酒

罗讷河谷葡萄酒

洛林黄香李酒

M

马赛茴香酒

美国精酿啤酒

门多萨马尔贝克葡萄酒

蒙古马奶酒

米兰金巴利

米尼奥绿酒

墨西哥梅斯卡尔酒

N

南非皮诺塔吉酒

诺曼底卡尔瓦多斯酒

诺曼底苹果酒

P

皮埃蒙特葡萄酒

普罗旺斯桃红葡萄酒

R

日本烧酒

日本清酒

日本威士忌

瑞士苦艾酒

S

萨龙诺阿玛雷托

塞尔维亚拉基亚

斯堪的纳维亚阿夸维特

苏格兰单一麦芽威士忌

T

突尼斯博拉酒

托斯卡纳葡萄酒

X

希腊乌佐酒

夏朗德皮诺酒

夏朗德干邑

香蕉啤酒

新西兰长相思葡萄酒

匈牙利帕林卡

Y

意大利阿马罗酒

意大利珊布卡

意大利渣酿白兰地

英国波特啤酒

英国金酒

Z

中国白酒

中国黄酒

中国葡萄酒

智利佳美娜葡萄酒

参考资料

书目

PHILPOT, Don, ***The World of Wine and Food***, Rowman & Littlefield, 2017

STEWART, Amy, ***The Drunken Botanist: The Plants That Create the World's Great Drinks***, Algonquin Books, 2013

SAULNIER-BLACHE, Adrienne, ***Le Guide du saké en France***, Keribus Éditions, 2018

NOUET, Martine, ***La Petite Histoire du whisky***, J'ai Lu, 2018

Johnson, Hugh, ***Une histoire mondiale du vin***, Hachette, 2012

网站

www. camra. org. uk/

www. lescoureursdesboires. com/

www. mapadacachaca. com. br

www. whisky. fr

statista. com

blog. lacartedesvins–svp. com

图书策划　24 小时工作室

总策划 曹萌瑶

策划编辑 张艳

责任编辑 曹萌瑶

特约编辑 谢若冰　姜雪梅

营销编辑 高寒

装帧设计 柒拾叁号

出版发行　中信出版集团股份有限公司

服务热线：400-600-8099　网上订购：zxcbs.tmall.com

官方微博：weibo.com/citicpub　官方微信：中信出版集团

官方网站：www.press.citic